基礎から学ぶ
高効率エンジンの理論と実際

日本大学理工学部 准教授
博士（工学） 技術士（機械部門）
飯島晃良

グランプリ出版

推薦のことば

　本書の著者である飯島晃良氏は、大学にて熱力学、内燃機関等の講義を担当し、学生たちとともに高効率エンジンのための燃焼研究を行う現役の教員である。

　内燃機関のシステムの高度化、複雑化、電動化、社会から求められる環境性能等の高レベル化等に対応するために、社会全体を巻き込んで、総力を挙げての研究開発が繰り広げられている。そのような中にあって、エンジン内で何が起きているのかは一層見えにくく、ブラックボックス化しつつあり、新たなアイディアを生み出しやすい環境に向かっているとは決して言えないと思われる。

　高効率でクリーンなエンジン技術を生み出すためには、エンジン内で何が起きているのかを理解することが第一歩である。

　本書は、大学における内燃機関の教育・研究の経験を通じて蓄積してきた、「エンジン技術者としてのスタートラインに立つには何を身につけるべきか？」を具体化するために書かれたものである。ハイブリッド車などの電動化と組み合わせたエンジンシステムの開発が推進されている現在においては、それらに携わる電気・電子系技術者や動力伝達系技術者にも、エンジンの原理を十分に理解することが求められている。そのような方々がエンジンを学ぶ書籍としても本書は好適であろう。

　将来、高効率でクリーンなパワートレイン研究開発の最前線を切り拓く、次の世代の若いエンジニアや学生を育てるための初めの一歩として、また、若い方々が自動車産業などに従事したいという夢を育てるためにも、本著『基礎から学ぶ高効率エンジンの理論と実際』は役立つものと確信している。

日本大学名誉教授
庄　司　秀　夫

はじめに

　ガソリンエンジンは、乗用車、二輪車などの比較的小型の動力源として用いられ、人々の生活を便利にする道具として世界中に普及しています。

　また、環境・エネルギー問題との結びつきも強いため、社会的にも非常に関心が高く、世界的に高度でかつ速いペースで開発競争がくり広げられ、日々新しい技術を生み出しながら進化を続けています。

　例えば昨今、「高圧縮比化」「リーンバーン」「大量 EGR」「低温燃焼」「直噴」「多段噴射」「過給ダウンサイジング」「ダウンスピーディング」「レスシリンダー」「高膨張比（アトキンソン、ミラー）サイクル」「可変動弁技術」「遮熱」「可変圧縮比」「HCCI 燃焼」など、多様な技術を耳にします。これらの技術を知り、さらにその先の製品を開発するためには、原理の理解が不可欠です。

　しかし、自動車メーカーなどでエンジン関係の部署に配属される新入社員の方々の多くは、大学時代に内燃機関を専攻していません。その上で、最先端の研究開発を担当することになります。そのため、数多の技術に対して、まずはその理屈（理論）を理解することが必要になってきます。

　「なぜこのような設計で燃費が良くなるのか？」

　「そもそも燃費は何に支配されているのか？」

　「異常燃焼とは何なのか？」

　など、原理を理解することで、研究開発技術者としての基盤を築くことが大切です。そうすれば、新たな技術の創生にもつながるはずです。

本書は、主に次のような方々の入門書となるように、わかりやすくまとめました。

■エンジン技術者（特に、大学でエンジンを学んでいない方）
■エンジンの基本原理を学びたいと考えているエンジン部品の供給メーカーの方
■「最新エンジン技術がなぜ有効なのか？」などエンジン技術に興味がある一般の方
■大学・高専・専門学校等でエンジンを学ぶ学生

　各章を読み進めることで、
「最新技術がなぜ有効なのかが理解できる」
「今後どうあるべきかを提案できる」
「技術論文やより専門的な書籍を読めるようになる」
などの効果が期待できます。
　本書が、エンジン技術を学ぶ読者の皆様のお役に立つことを心より願っております。
　最後に、本書を出版するにあたりお世話になったグランプリ出版の木南ゆかり氏、山田国光氏に感謝の意を表し、厚く御礼申し上げます。

飯　島　晃　良
御茶ノ水にて

目 次

推薦のことば　日本大学名誉教授　庄司秀夫　3
はじめに　4

第1章　自動車用パワートレインの現状と課題 ……… 9
　1-1　地球温暖化と内燃機関　9
　1-2　EVシフトでCO_2は減らせるのか　10
　1-3　リアルワールドでの高効率クリーン化　11

第2章　エンジン性能の表わし方 ……… 13
　2-1　エンジン軸動力性能測定　13
　　2-1-1　トルクと出力　13
　　2-1-2　平均有効圧力　16
　　【コラム：平均有効圧力比較】　21
　　2-1-3　正味燃料消費率と正味熱効率　22
　　2-1-4　体積効率と充てん効率　24
　2-2　シリンダ内圧力測定　25
　　2-2-1　指圧線図とp-V線図　25
　2-3　シリンダ内圧力を駆使する　28
　　2-3-1　図示と正味の違い　28

第3章　エンジンの熱効率を支配しているのは何？ ……… 31
　3-1　理論熱効率　31

3－2　実際のエンジン動作と p-V 線図　40

3－3　実エンジンの各種損失とその低減　42

第4章　ガソリンエンジンの低燃費化技術 49

4－1　高圧縮比エンジン　49

4－2　リーンバーン　55

4－3　EGR（排ガス再循環）　59

4－4　可変動弁技術　61

4－5　ガソリン筒内直接噴射　67

4－6　高膨張比エンジン　69

4－7　可変圧縮比エンジン　75

第5章　有害排出ガスのクリーン化 79

5－1　有害排出ガスの基本特性　79

　5－1－1　排ガス規制　79

　5－1－2　HC、CO、NOxの基本特性　80

5－2　排ガスのクリーン化手法　87

　5－2－1　燃焼によるクリーン化　87

　5－2－2　後処理装置によるクリーン化　88

　【コラム：触媒急速暖気の悩ましさ!?】　91

第6章　ガソリンエンジンの燃焼　93

- 6−1　ガソリンエンジンの正常燃焼　93
  - 6−1−1　火炎伝播　93
  - 6−1−2　エンジン内火炎伝播　94
- 6−2　ガソリンエンジンの異常燃焼　97
  - 6−2−1　ノッキングと異常燃焼　97
  - 6−2−2　低温酸化反応と高温酸化反応　109

第7章　HCCI　119

- 7−1　HCCI燃焼とは　119
- 7−2　HCCIの利点と課題　124
  - 7−2−1　HCCIの利点　124
  - 7−2−2　HCCIの課題　125
- 7−3　HCCIの課題克服に向けた研究開発　131
  - 7−3−1　運転領域の拡大　131
  - 7−3−2　異常燃焼（HCCIノッキング）メカニズム　141

重要用語解説　149

協力　158
謝辞　159

第1章　自動車用パワートレインの現状と課題

1-1　地球温暖化と内燃機関

　地球温暖化やエネルギーセキュリティ問題などを背景に、自動車の燃費低減が一層求められています。図1.1に、各国の燃費規制[1-1]を示します。自動車の燃費およびCO_2排出規制は年々強化されており、これらの問題に対応するためにハイブリッド車をはじめとした電動化技術の導入が進んでいます。

　しかしながら、ハイブリッド車のCO_2排出源は内燃機関です。従来のエンジンのみならず、ハイブリッド車の燃費をさらに良くするためには、高効率で高性能なエンジンの開発が必要です。

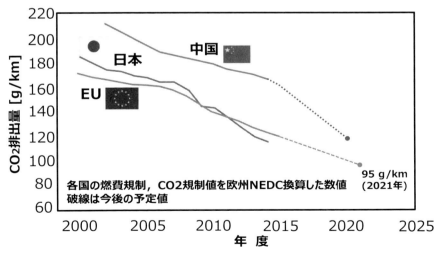

図1.1　各国の燃費規制 [1-1]

1-2　EVシフトでCO₂は減らせるのか

　昨今、フランス、英国、中国などによるエンジン車販売禁止・規制検討の動きや、カリフォルニアZEV（Zero Emission Vehicle）規制など、自動車のEV（Electric Vehicle）シフトの動きに注目が集まっています。しかし、EVにも、電池のエネルギー密度の低さ、航続距離、コスト、電池寿命、電池安全性、充電インフラなど、多くの課題が存在します。つまり、EVシフトを実現するには越えなければならない壁がいくつも存在する状況です。

　例えば、CO_2排出量削減に関していえば、EV用電力を発電する際に生じるCO_2排出量を考慮した検討が必要になります。

　図1.2に、EV利用時のCO_2排出量とエンジン車（ICV）利用時のCO_2排出量を比較した結果の一例を示します[1-2]。縦軸は、1km走行時のCO_2排出量です。横軸は、発電時のCO_2排出原単位であり、1kWhの電力を発生する際に排出されるCO_2の量を示しています。CO_2排出原単位は、その国の発電電源構成によって大きく変化します。図の上の横軸には、いくつかの国の排出原単位を記しています。

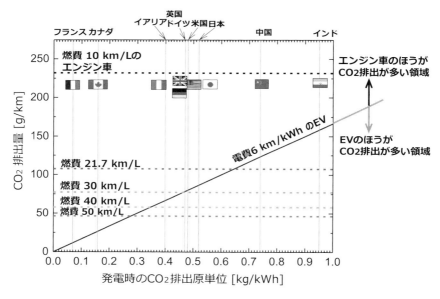

図1.2　EVとエンジン車（ICV）のCO_2排出量比較 [1-2]

例えば、原子力発電の比率が高いフランスは排出原単位が低く、火力発電（特に石炭火力）の比率が高い中国、インドなどでは排出原単位が高くなります。図中に引かれた「電費6 km/kWhのEV」の実線は、容量40kWhのバッテリで240km走行する実用的なEVの電力消費を仮定した際のCO_2排出量であり、発電時のCO_2排出原単位に応じて図に示す直線になります。

　また、図中に破線で引かれた水平線は、エンジンを搭載した車（ハイブリッド車を含む）の走行燃費に応じて、ガソリンの燃焼で排出されるCO_2排出量を示しています。つまり、実線と破線の交点において、エンジン車とEVのCO_2排出量が等しくなり、破線が実線よりも下にある領域では、EVのほうがCO_2排出量が多くなります。

　さらに、走行燃費30km/LのICVと比較すると、英国、ドイツ、米国、日本、中国、インドなどではEVシフトによるCO_2削減効果は期待できないか、むしろ増加することになります。要するに、エンジンの高効率化は、全世界にとって、CO_2排出削減に確実に寄与する現実的かつ重要な手段であるといえます。

1–3　リアルワールドでの高効率クリーン化

　自動車からの有害排出ガスや燃料消費（CO_2排出量）の徹底的な低減が求められていることは広く認識されています。通常、規制の数値に目が行きやすいですが、その測定条件は極めて重要です。同じ規制値でも、測定条件が変わればその規制値をクリアできるかどうかが大きく変わります。

　通常、自動車の排ガスや燃費を測定する際、各国で決められた統一の走行パターン（走行モードといいます）で走行したときの測定結果を用います。走行モードの例を図1.3に示します。

　日本では、JC08モード[1-3]を使用してきました。これらの走行モードの統一化のために、WLTP(Worldwide harmonized Light vehicles Test Procedure)[1-4][1-5]が策定されました。日本でも、WLTPモードに移行していく予定です（ただし、日本ではExtra-Highの走行は適用しない）。

　しかしながら、WLTPモードを含めて、これらの走行パターンは、ユーザーが運転する全ての領域をカバーしているわけではありません。そのため、これらのモード走行から外れたときの排ガスや燃費は規制されていないことになります。

　真に、クリーンで低燃費な自動車を実現するためには、実走行時を含めて高効率クリーン化開発を行う必要があります。そのような背景のもと、PEMS(Portable

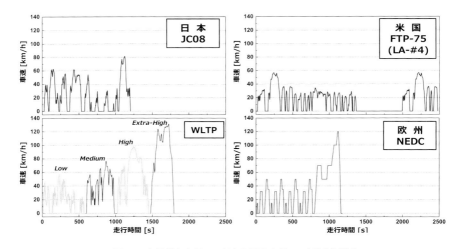

図1.3　各種従来走行モードとWLTP走行モード[1-3][1-4][1-5]

Emissions Measurement System）と呼ばれる車載の排ガス分析装置を搭載した上で、実走行の排ガス測定を行う手法として、RDE（Real Driving Enission）が導入されます。

つまり、これまでの「モード走行時の運転範囲」を中心とした排ガス燃費性能開発から、「実走行あるいはより広い運転範囲」での高効率クリーン化を行う開発が求められています。排気のクリーン化と動力性能（トルクや出力）は、トレードオフの関係にあることが多く、広い運転範囲で動力性能・排ガス・燃費をよくする技術開発は、これまでの開発とは違ったステージでの高度な技術が要求されると思われます。

■参考文献■
- (1-1) ICCT：2017 Global update: Light-duty vehicle greenhouse gas and fuel economy standards, https://www.theicct.org/
- (1-2) 飯島晃良：内燃機関の高効率化を実現するための燃焼技術, 月刊技術士, Vol.30, No.3, p.4-7 (2018)
- (1-3) 国土交通省：道路運送車両の保安基準の細目を定める告示, 別添42（軽・中量車排出ガスの測定方法）（2009）
- (1-4) WLTC：UN-GTR No.15, "Worldwide harmonized Light vehicles Test Procedure"
- (1-5) 山口恭平, 鈴木央一：世界統一試験サイクルにおける燃費および排出ガス性能について－車両試験結果からわかるJC08モードとの違い－, 交通安全環境研究所フォーラム (2014)

第2章　エンジン性能の表わし方

2-1　エンジン軸動力性能測定

　内燃機関の役割は、動力を発生することです。動力性能を表わす最も基本的な指標は、トルクT [N・m] と出力P [kW] です。しかし、トルクと出力だけでは、排気量などが異なるエンジン間での性能を比べることができないため、平均有効圧力p_mなど、様々な指標が用いられます。また、環境負荷や燃料経済性を考えると、熱効率や燃料消費率などの指標も欠かせません。

　本章では、エンジンの性能を表わすこれらの代表的な指標とその算出法を学びます。

2-1-1　トルクと出力

　エンジンの出力軸（クランクシャフト）で発生するトルクを軸トルクT [N・m] と呼びます。

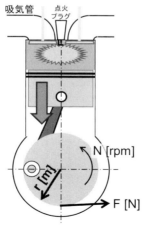

図2.1　エンジンが発生するトルク

図2.1に示すように、エンジンの出力軸が毎分の回転速度N[rpm]で回転しています。このとき、クランク軸からの半径r[m]の位置で力F[N]を発生していた場合、軸トルクは次のように算出されます。

$$T = F \cdot r \quad [\text{N} \cdot \text{m}] \tag{2.1}$$

具体的には、動力計を用いて軸トルクを測定・算出します。動力計の原理は、エンジンの出力軸に何らかの方法でブレーキをかけ、その際に動力計に加わるモーメントから、軸トルクを測定するものです。例えば、図2.2のように、単純にブレーキシューのような摩擦面で挟み込むことを考えます。今、エンジンにブレーキ（負荷）をかけることで、ある回転速度N[rpm]でエンジンが定常運転しているとします。その際、エンジンの軸トルクによって、出力軸中心から半径rの位置で接線方向に力Fを発生します。このとき、動力計の腕の長さℓの位置で生じる力fによるモーメント$f \cdot \ell$は、エンジンの軸トルクと釣り合っています。よって、f[N]を天秤、ロードセルなどの荷重計で計測することで、軸トルクが求められます。

$$T = F \cdot r = f \cdot \ell \quad [\text{N} \cdot \text{m}] \tag{2.2}$$

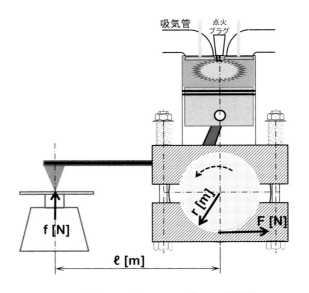

図2.2　動力計の原理（プローニーブレーキ動力計）

動力計でのブレーキ力を調節することで、エンジンを運転する様々な負荷と回転速度でエンジンを運転することができるため、それらの各条件でのトルクが算出されます。
　また、各条件での回転速度を併せて測定することで、後述するように軸出力が算出されます。
　このように、動力計によってエンジンに負荷（ブレーキ）をかけてエンジンの軸動力を測定するため、これらのデータから算出される軸トルク、軸出力、正味平均有効圧力、正味熱効率などを、英語ではBrake Torque、Brake Power、Brake Mean Effective Pressure、Brake Thermal Efficiencyなどと呼びます。
　なお、図2.2のように、摩擦リングでブレーキをかける動力計をプローニーブレーキ式動力計といいます。このほかにも水の攪拌抵抗でブレーキをかける水動力計、渦電流によって電磁的にブレーキをかける渦電流式電気動力計、直流モーターや交流モーターで負荷をかける電気動力計などがあります。
　出力P[W]は、単位時間当たりの仕事です。仕事Wは力と距離の積です。例えば、図2.2で示した半径rの出力軸が1回転したときの仕事W_{1rev}は、半径rの点が1回転する際に進む距離が$2\pi r$（円周）なので、次のように表わされます。

$$W_{1rev} = 力F \times 半径rの円周 = 2\pi rF = 2\pi T \tag{2.3}$$

　つまり、トルクTの回転体が1回転したとき、$2\pi T$の仕事をします。出力P[kW]を求めるには、1秒当たりの仕事を求めればよいので、1秒間の回転回数$N/60$ [s^{-1}]をW_{1rev}に掛ければよいので、次のようになります。

$$P = \frac{2\pi TN}{60 \times 10^3} \quad [\text{kW}] \tag{2.4}$$

　式(2.4)に示すように、出力Pは軸トルクTと回転速度Nの積に比例します。つまり、エンジンを高出力化するには、軸トルクTを増加させるか、回転速度Nを増加させるか、あるいはその両者を増加させるかであることがわかります。

$$P \propto T \cdot N \tag{2.5}$$

　図2.3に示すように、トルクTと回転数Nで示した座標系に等出力線（出力一定の線）を描くことができます。この等出力線上に、例えば同じ出力であったとしても、

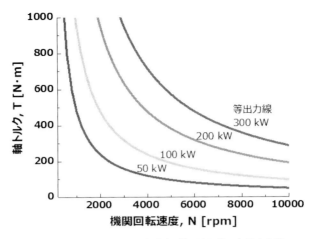

図2.3　トルクTー回転速度N線図上に描いた等出力線

　二輪車と乗用車、あるいは乗用車とトラックのように、同程度の出力で排気量が異なるエンジンを比較すると、小型のエンジンは回転速度で出力を確保し、大型のエンジンは主にトルクで出力を確保していることがわかります。これらの物理的な意味は、後述する平均有効圧力をもとに考えるとより明確になります。

２−１−２　平均有効圧力

　燃焼室内でガソリンと空気の混合気が燃焼すると、発熱して高温高圧の燃焼ガスになります。圧力pのガスがピストンに仕事をすることで、エンジンに軸トルクが発生します。ガスがピストンにする仕事を図2.4を用いて考えます。

　今、シリンダ内に圧力p [Pa] のガスがあります。ここに燃焼によって微小な発熱dQ [J] が起こり、面積A [m²] のピストンに仕事をしてdx [m] だけ膨張したとします。このとき、ピストン頂面に加わる力Fは、パスカルの原理によって$F = pA$になります。よって、このときの微小仕事dWは、次のようになります。

$$dW = 力 \times 距離 = Fdx = pAdx = pdV \tag{2.5}$$

　よって、上死点（状態1）から下死点（状態2）まで膨張したときの仕事Wは、次のように表わされます[3-1]。

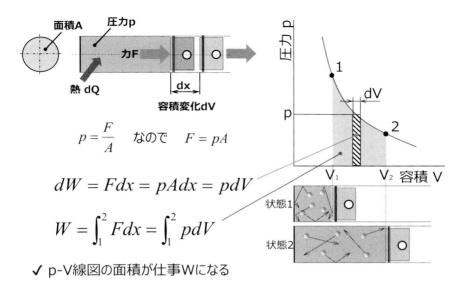

図2.4 気体がする仕事

$$W = \int_1^2 pdV \tag{2.6}$$

　この仕事Wをp-V線図で説明すると、図2.4の状態1から状態2の状態変化の曲線と横軸に挟まれた面積$V_1-1-2-V_2$であることがわかります。つまり、ガスがピストンにする仕事Wは、p-V線図の面積で表わされます。

　同じ考え方で、圧縮行程ではピストンがガスに対して仕事をしているので、マイナスの仕事になります。つまり、エンジンの1サイクルの動作でガスがピストンにする仕事は、図2.5に示すように1サイクル中のp-V線図の面積で表わされます。

$$W = \oint pdV \tag{2.7}$$

　ピストンになされた仕事Wは、クランク機構によって回転仕事に変換され、エンジンに軸トルクが発生します。つまり、エンジンが発生するトルクTは、p-V線図の面積に比例します。よって、p-V線図で考えると、軸トルクを増加させるには次の2つの方法があります。

①p-V線図をp方向に広げる⇒高燃焼圧力化（高平均有効圧力化）
②p-V線図をV方向に広げる⇒大排気量化

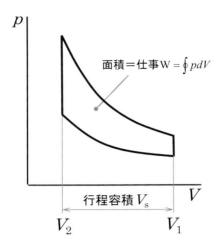

図2.5 サイクルの p-V 線図と仕事の関係

　同じ圧力範囲で運転しているエンジンでも、排気量（行程容積）が違えば軸トルクおよび軸出力も変わるため、異なる排気量のエンジンの性能を比較できません。そこで、サイクルの仕事 W を行程容積 V_S で割ったものを平均有効圧力 p_m [Pa] と定義します。

　これは、図2.6に示すように、p-V 線図の面積と同じ面積で、同じ底辺（行程容積）を持つ長方形の高さに相当します。つまり、長方形の面積 $W = V_S \times p_m$ となるような p_m の値であり、単位排気量当たりに発生するサイクル仕事ともいえます。

　平均有効圧力が高いエンジンは、低い排気量で大きなトルクが発生するエンジンです。

平均有効圧力の定義式は次のように示されます。

$$p_m = \frac{W}{V_S} \tag{2.8}$$

平均有効圧力を具体的に求める方法を以下に説明します。

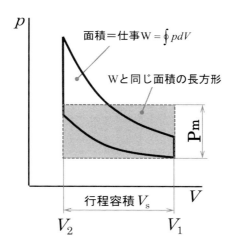

図2.6　p-V線図上に図示した平均有効圧力の関係

(1) 図示平均有効圧力 p_{mi}

運転中のエンジンの燃焼室内圧力を実測することで、図2.7のような実測のp-V線図を描き、その面積を求めれば仕事が求まります。これは、燃焼室内のガスがピストンに対して行った仕事で、図示仕事 W_i と呼ばれます。

W_i を行程容積 V_s で割ることで、図示平均有効圧力（Indicated Mean Effective Pressure：IMEPと呼ばれることもある）p_{mi} が算出されます。

$$p_{mi} = \frac{W_i}{V_s} = \frac{\oint pdV}{V_s} \tag{2.9}$$

(2) 正味平均有効圧力 p_{me}

エンジンベンチ試験により動力計測（軸トルク、回転速度）を行うことで、平均有効圧力を求めることができます。

今、排気量 V_s のエンジンがトルク T を発生しているとき、1回転での仕事 W_{1rev} は式(2.3)で示した通り、

$$W_{1rev} = 2\pi T \ [\mathrm{J}] \tag{2.3}$$

です。

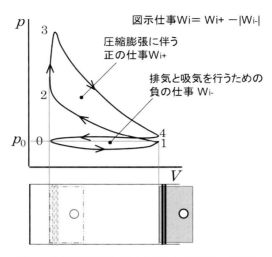

図2.7　燃焼室内圧力測定により得られる実測のp-V線図

エンジンが1サイクルを行うのに何回転するかをiとすれば、4ストロークエンジンは2回転で1サイクルを行うため$i = 2$、2ストロークエンジンは1回転で1サイクルを行うため$i = 1$です。

よって、1サイクル当たりの正味仕事W_eおよび正味平均有効圧力p_{me}は次のように算出されます。

$$W_e = 2\pi Ti \quad [\text{J}] \tag{2.10}$$

$$p_{me} = \frac{W_e}{V_s} = 2\pi \frac{T}{V_s} i \quad [\text{Pa}] \tag{2.11}$$

（4ストローク機関：$i = 2$、2ストローク機関：$i = 1$）

式(2.11)に、軸出力の算出式(2.4)を代入してTを消去すると、

$$p_{me} = \frac{60P}{V_s N} i \quad [\text{Pa}] \tag{2.12}$$

式(2.11)は、軸トルクと排気量から正味平均有効圧力を算出する式で、式(2.12)は、出力と排気量と回転速度から正味平均有効圧力を算出する式です。通常、排気量、最大トルクおよび最大出力とそのときの回転速度は、エンジンの仕様表やカタログに載っています。よって、それらの仕様から、そのエンジンの正味平均有効圧力を知ることができます。

【コラム：平均有効圧力比較】
　目的が違う車両の出力や平均有効圧力を比較してみましょう。

<トヨタ　カローラアクシオ2NR-FKE>
総 排 気 量　1.496L（直列4気筒）
最 高 出 力　80kW（109PS）／6000rpm
最大トルク　136N・m/4400rpm
⇒最大トルク時の平均有効圧力　1.1MPa

<日産　GT-R　VR38DETT>
総 排 気 量　3.799L（V型6気筒）
最 高 出 力　419kW（570PS）／6900rpm
最大トルク　637N・m/3300−5800rpm　⇒最大トルク時の平均有効圧力　2.1MPa

<SUBARUS208>
総 排 気 量　1.994L（水平対向4気筒）
最 高 出 力　242kW（329PS）／7200rpm
最大トルク　432N・m/3200−4800rpm　⇒最大トルク時の平均有効圧力　2.72MPa

<マクラーレンホンダMP4/5RA109E1989>
総 排 気 量　3.490L（V型10気筒）
最 高 出 力　504kW（685PS）／13000rpm（最高出力時のトルク371N・m）
⇒最高出力時の平均有効圧力1.34MPa

<ウィリアムズホンダFW11BRA167E1987>
総 排 気 量　1.494L（V型6気筒ツインターボ）
最 高 出 力　773kW以上（1050PS以上）／11600rpm（最高出力時のトルク637N・m）
⇒最高出力時の平均有効圧力5.46MPa

　乗用車でも、F1でも、自然吸気エンジンの平均有効圧力は1MPa強であることがわかります。これは、自然吸気式エンジンの場合、空気の吸い込み量は大気圧でおおむね決まってしまうためです。過給エンジンでは、過給圧を高めることで非常に高い平均有効圧力で運転できることがわかります。

2−1−3　正味燃料消費率と正味熱効率

　日常生活で自動車の燃費を示すとき、燃料1ℓで走行できる距離（走行燃費）km/ℓを気にすることが多いですが、当然、走行燃費はエンジンや車両のサイズが大きいほど悪くなります（走行時に必要なエネルギー自体が増えるため）。そのため、エンジンの燃費性能を議論する際は、異なるサイズのエンジンの燃費性能を同一の指標で比較する必要があります。そのような場合、正味燃料消費率b_e [g/kWh]（Brake Specific Fuel Consumption：BSFC）や正味熱効率η_e [%]（Brake Thermal Efficiency）を用います。

（1）正味燃料消費率b_e

　例えば、小型オートバイと大排気量乗用車を比べると、大排気量乗用車のほうが同じ距離を移動したときの燃料消費量が多くなります。一方で、大きいエンジンは、その分出力も大きくなります。そこで、エンジン単体の燃費性能を表わす際には、正味燃料消費率b_e [g/kWh]が用いられます。軸動力測定で軸出力P [kW]を求めると同時に、燃料流量計を用いて燃料の流量m_f [g/h]を測定することで正味燃料消費率b_eは以下のように算出されます。

$$b_e = \frac{m_f}{P} \quad [\text{g/kWh}] \tag{2.13}$$

　BSFCの単位はg/kWhになります。これは、このエンジンが1キロワット時（1kWh）という決められた量の仕事をする場合に必要な燃料の質量を意味します。この数値が低いほど、少ない燃料消費で多くの仕事をすることから、燃費の良いエンジンといいます。

（2）正味熱効率η_e

　エンジンの軸出力と燃料消費量から、エンジンの正味の熱効率を算出することができます。熱効率の定義は、仕事Wを、投入した熱量Q_1で割ったものです。つまり、正味熱効率η_eは正味仕事W_eを投入熱量Q_1で割ったものです。
　1秒当たりの仕事（＝出力P [kW]）と1秒当たりの投入熱量$\dot{Q}_1$ [kJ/s]で考えると、以下のようになります。

$$\eta_e = \frac{W_e}{Q_1} = \frac{P}{\dot{Q}_1} = \frac{P}{m_f H_u} = \frac{3600}{b_e H_u} \quad [-] \tag{2.14}$$

ここで、
m_f [kg/s]：燃料の質量流量
H_u [MJ/kg]：燃料の低位発熱量

です。燃料の発熱量には、高位発熱量H_h [MJ/kg]と低位発熱量H_u [MJ/kg]があります。両者の違いは、燃焼時に発生する水（H_2O）の凝縮熱を発熱量に加えるかどうかです。

高位発熱量は、水が凝縮した際に放つ凝縮熱分も仕事に変換できる場合に用いられます。内燃機関の条件では、シリンダ内での水は気体の状態であるため、凝縮熱は仕事への変換に関与しません。そのため、低位発熱量を用います。式2.14が示すように、正味熱効率と正味燃料消費率は逆数関係にあります。その関係を図2.8に示します。正味熱効率が高いエンジンとは、正味燃料消費率が低いエンジンということになります。

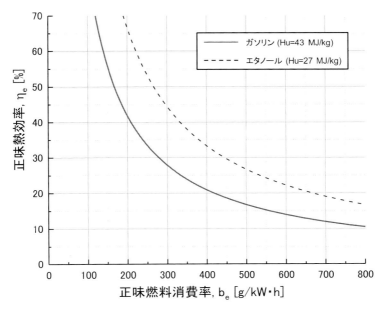

図2.8　正味熱効率と正味燃料消費率の関係

2-1-4 体積効率と充てん効率

　排気量が一定の条件で高いトルクを出すためには、平均有効圧力を高める必要があります。そのためには、多くの混合気を吸入して高い発熱を得る必要があります。1サイクルで多くの燃料を燃焼させるためには、それに見合った酸素が必要です。つまり、必要な空気をしっかりと吸入できるかどうかが重要になります。その特性を表わすために、体積効率と充てん効率が用いられます。

（1）体積効率 η_v

　1サイクルでシリンダ内に吸入された質量 m_a [kg] の新気が、そのときの大気条件（大気圧 p、温度 T）で占める体積を V_a [m³] としたとき、V_a と排気量 V_s との比を体積効率と呼びます。言い方を変えると、1サイクルでの吸気量 m_a を、そのときの大気条件で排気量 V_s を占める新気の質量 m_s で割ったものです。

$$\eta_v = \frac{V_a}{V_s} = \frac{m_a}{m_s} \quad [-] \tag{2.15}$$

（2）充てん効率 η_c

　体積効率を使って、1サイクルあたりの新気の吸い込み能力を示すことができますが、実際に吸入される新気の質量は、大気の条件に依存して変化します。例えば、大気圧が低くて気温が高い条件では、空気は膨張しています（密度が低い）ので、吸入できる新気量が減り、トルクが低下します。

　しかし、体積効率はそのときの大気条件を基準にするので、大気条件に合わせて基準が変わります。そのため、大気条件が変わったことで吸入空気量が変化した場合に体積効率を比較しても、その数値は変化しません。

　そこで、吸入される新気の絶対量を表わす指標として、充てん効率が用いられます。

$$\eta_c = \frac{m_a}{m_0} \quad [-] \tag{2.16}$$

　m_0 [kg]：標準状態（25℃、1気圧）で排気量 V_s を占める新気の質量

　図2.9に、体積効率と充てん効率の定義を模式的に示します。例えば気温が上がると吸入できる空気量は減りますが、体積効率は変化せず、充てん効率は低下しま

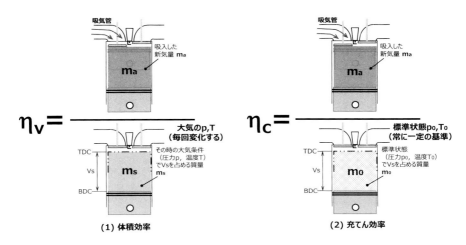

図2.9 体積効率と充てん効率の違い

す。エンジンの吸気系を改良した結果、吸入空気量が増えた場合、体積効率も充てん効率も向上します。このように大気条件変化の影響を受けない体積効率と、影響が反映される充てん効率を適宜使い分けることで、エンジンの吸い込み性能を適正に評価することが可能になります。

2−2 シリンダ内圧力測定

エンジンのシリンダ内圧力を測定して、圧力―クランク角(p-θ)線図(指圧線図)や圧力―容積(p-V)線図を描いて燃焼状態などを解析することで、エンジンの燃焼や性能に関する様々な情報が得られます。ここでは、p-V線図などのシリンダ内圧力解析で得られる情報を理解します。

2−2−1 指圧線図とp-V線図

図2.10に示すように、燃焼室内に圧力センサを挿入し、クランク軸やカム軸に角度センサ等を設けて同期測定することで、シリンダ内圧力の履歴を測定することができます。

横軸にクランク角度θ [deg.]、縦軸に燃焼室内圧力p [MPa]をとれば、燃焼室内圧力線図(指圧線図)を描くことができます。この線図をもとに、燃焼圧力のピー

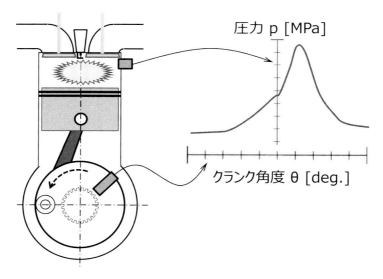

図2.10 シリンダ内圧力測定

ク時期、ピーク値、燃焼タイミング、サイクルごとの燃焼圧力の変動、ノッキングなどの異常燃焼の発生状況など、様々な情報を得ることが可能になります。

図2.11に示すように、ピストン-クランク機構の幾何学的な関係から、クランク角度θに応じてピストンの位置xが式(2.17)に従って移動します。ピストンの変位xがわかれば、円筒形シリンダ内の容積Vの変化も式(2.18)で求められます。

図2.12に示すように、式(2.18)で求めた容積Vを横軸にとり、シリンダ内圧力pを縦軸にとれば、実測のp-V線図が得られます。

$$x = S\left\{\frac{1}{2}(1-cos\theta) + \frac{r}{8l}(1-cos2\theta)\right\} \tag{2.17}$$

$$V = V_c + \frac{\pi}{4}D^2 x \tag{2.18}$$

x [mm]：ピストンの変位
θ [deg.]：クランク角度
S [mm]：ストローク(行程)
D [mm]：ボア(内径)

r [mm]：クランク半径（$S=2r$）
l [mm]：コネクティングロッド（コンロッド）長さ
V [mm³]：シリンダ内容積
Vc [mm³]：すき間容積

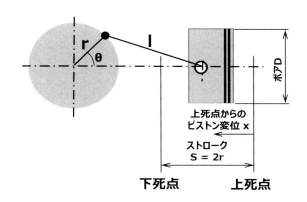

図2.11　ピストン-クランク機構

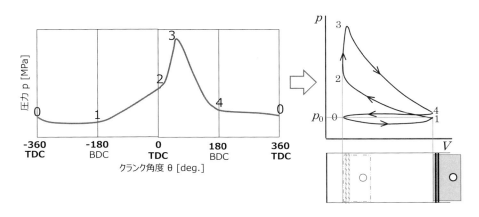

図2.12　指圧線図とp-V線図

2−3　シリンダ内圧力を駆使する

2-3 シリンダ内圧力を駆使する

2-1で学んだ軸動力測定と2-2で学んだシリンダ内圧力測定結果の双方を用いることで、エンジンのフリクションロス（機械抵抗によるロス）がどのくらいあるのかを明らかにすることができます。そのほか、シリンダ内圧力履歴を詳しく考察することで、第3章で説明するエンジンの各種ロスが、どこでどの程度生じるのかを分析することが可能になります。

2-3-1 図示と正味の違い

図2.13に示すように、シリンダ内圧力測定の結果から導き出した仕事（p-V線図の面積）を図示仕事（Indicated Work）W_iと呼びます。これは、燃焼ガスがピストンに対して行う仕事です。W_iをもとに算出された平均有効圧力、燃料消費率、熱効率などをそれぞれ頭に「図示」をつけて図示平均有効圧力（Indicated Mean Effective Pressure: IMEP）p_{mi}、図示燃料消費率（Indicated Spscific Fuel Consumption：ISFC）b_i、図示熱効率（Indicated Thermal Efficiency：ITE）η_iなどと呼びます。

一方で、ピストンになされた図示仕事W_iは、クランク機構で正味仕事$W_e = 2\pi Ti$変換されます。しかし、図示仕事が全て正味仕事になることはありません。エンジンの各部位の摩擦や補器類の駆動仕事など、エンジンを運転する際に生じる機械的な仕事W_fが図示仕事から差し引かれて、正味仕事になります。

$$W_e = W_i - W_f \tag{2.19}$$

例えば、正味平均有効圧力は、フリクションロスがある分だけ必ず図示平均有効圧力よりも低くなります。つまり、正味と図示を比べることで、エンジンの機械的なロス（フリクションロス）がどの程度あるのかがわかります。

正味平均有効圧力と図示平均有効圧力を求め、その比をとったものを機械効率η_mと呼びます。

$$\eta_m = \frac{W_e}{W_i} = \frac{p_{me}}{p_{mi}} = \frac{\eta_e}{\eta_i} \tag{2.20}$$

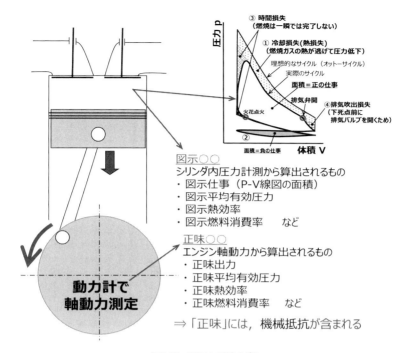

図2.13　図示と正味の違い

　このように、エンジンの軸動力測定とシリンダ内圧力測定の両方を実施することで、エンジンのフリクションロスが大きいか小さいかをあぶり出すことができます。例えば、エンジンの性能を測定したところ、思ったほどトルクや出力が出ていないとき、その原因を明らかにしなければなりません。その際、機械効率を出したところ、機械効率は十分に高い状態（フリクションロスが少なくて良好）だったとします。その場合、出力が低い要因はエンジンの機構的な問題ではなく、シリンダ内で起こる現象（図示仕事）が悪いことが原因であることがわかります。

　さらに、p-V線図を詳しく見ることで、どのようなロスが大きいかを知ることができます。

　図2.14に、エンジンで生じる様々な損失を模式的に示します。燃焼室内で発生する様々なロスは、次のようにp-V線図に反映されます。

① 冷却損失：高温なガスから燃焼室やシリンダ壁などを通じて熱が逃げ、燃焼室内圧力が低下し、図示仕事が減少する
② ポンピング損失：正圧の排気を押し出し、負圧で吸気を行うのに要する負の仕事
③ 時間損失：燃焼に時間を要することで$p\text{-}V$線図の面積が小さくなる
④ 排気吹出し（ブローダウン）損失：膨張行程の後半、下死点前で排気バルブを開くことでシリンダ内圧力が低下する

以上のように、動力測定と$p\text{-}V$線図解析を行うことで、熱効率の支配要因を分析し、高効率化への指針を得ることができます。

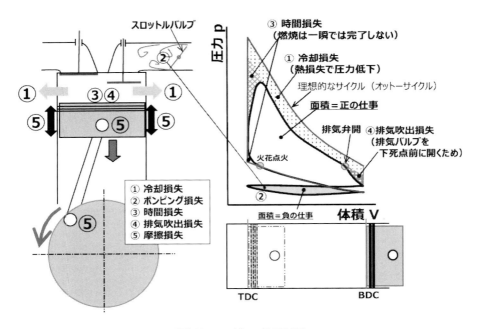

図2.14　エンジンで起こる損失

■参考文献■
(2-1)　吉田幸司, 岸本健, 木村元昭, 田中勝之, 飯島晃良：基礎から学ぶ熱力学, オーム社 (2016)

第3章　エンジンの熱効率を支配しているのは何？

　エンジンの熱効率を向上するためには、熱力学理論に基づいて高い熱効率を狙った設計を行うとともに、エンジンで生じる様々な損失（ロス）を最小化する必要があります。第3章では、エンジンの熱効率を支配する因子を細分化し、ロスの発生メカニズムを原理的に学びます。そのうえで、ロスを減らすにはどうしたら良いかを基礎理論に基づいて理解します。

　この章で学んだ内容を土台にすることで、第4章で説明する具体的なエンジン高効率化技術の有効性を原理的に理解できるようになります。

3−1　理論熱効率

　熱効率 η の定義は、エンジンに与えた熱エネルギー Q_1 のうち、有効な仕事 W になった割合です。図3.1に、熱機関の熱効率を表わすモデルを示します。

　熱機関は、高温熱源から熱エネルギー Q_1 を受け取り、その一部を仕事 W に変換

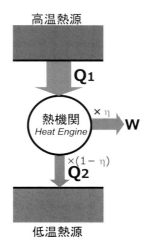

図3.1　熱機関のモデル

します。残りの熱エネルギーQ_2は、排熱として低温熱源(大気など)に捨てられます。エネルギーの総量は保存されるため、$Q_1-Q_2=W$となります。よって、熱効率ηは次の式で表わされます。

$$\eta = \frac{\text{有効仕事}W}{\text{供給熱量}Q_1} = \frac{Q_1-Q_2}{Q_1} = 1 - \frac{Q_2}{Q_1} \tag{3.1}$$

エンジンの理論熱効率を、ガソリンエンジンやディーゼルエンジンの動作を示したサイクル(理論サイクル)を元に考えます。

(1) レシプロエンジンの理論サイクル

内燃機関の動作の基本として、ガソリンエンジンとディーゼルエンジンとでは受熱過程のみが異なります。表3.1にその特徴を示します。

表3.1　ガソリンエンジンとディーゼルエンジンの理論サイクルの特徴

実用機関	ガソリン	低速ディーゼル	実用(高速)ディーゼル
理論サイクル	オットーサイクル	ディーゼルサイクル	サバテサイクル
圧縮行程	ピストンで高速圧縮するため、熱の流入や流出はない「断熱圧縮」とみなす.		
受熱過程 Q_1	上死点付近で瞬時に受熱する.「定容受熱」	燃料噴射とともに膨張しながら一定圧力を保つ「定圧受熱」	燃料噴射から着火までの間にたまった混合気が瞬時に定容燃焼したのち、続く噴射期間中に定圧燃焼をする.「定容＋定圧」受熱
膨張行程	圧縮行程と同じく「断熱膨張」とみなす		
排熱過程 Q_2	下死点で瞬間に全ての排熱Q_2を捨てるため「定容排熱」とみなす		

断熱圧縮や断熱膨張でのpとVの関係は、次のポアソンの式で表わされます。

$$pV^{\kappa} = 一定 \tag{3.2}$$

ここで、κは比熱比であり、定圧比熱c_pと定容比熱c_vの比で表わされ、燃焼室内ガスの組成などでその値が決まり、通常は1.2～1.35程度の範囲にあります。

$$\kappa = \frac{c_p}{c_v} \tag{3.3}$$

表3.1の動作を圧力―体積線図（p-V線図）で示すと、オットーサイクル、ディーゼルサイクル、サバテサイクルのp-V線図は図3.2のようになります。

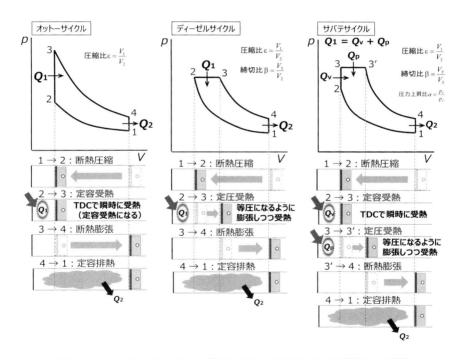

図3.2　オットーサイクル、ディーゼルサイクル、サバテサイクルの動作とp-V線図

ここで、圧縮比 ε、締切比 β、圧力上昇比 α は次のように定義されます。

＜オットー・ディーゼル・サバテサイクルで共通＞

$$\text{圧縮比}\,\varepsilon = \frac{\text{下死点での容積（最大容積）}V_1}{\text{上死点での容積（最小容積）}V_2} \tag{3.4}$$

＜ディーゼル・サバテサイクルで共通＞

$$\text{締切比}\,\beta = \frac{\text{定圧受熱終了時の容積}\,V_3}{\text{受熱開始時（TDC）の容積}\,V_2} \quad \text{（ディーゼルサイクルの場合）} \tag{3.5}$$

$$\text{締切比}\,\beta = \frac{\text{定圧受熱終了時の容積}\,V_{3'}}{\text{受熱開始時（TDC）の容積}\,V_3} \quad \text{（サバテサイクルの場合）} \tag{3.6}$$

＜サバテサイクル＞

$$\text{圧力上昇比}\,\alpha = \frac{\text{受熱終了時の圧力（最大圧）}\,p_3}{\text{受熱開始時（圧縮終わり）の圧力}\,p_2} \tag{3.7}$$

サバテサイクルはオットーサイクルとディーゼルサイクルの特徴を併せ持っています。図3.2において、サバテサイクルの定圧受熱部分がなくなると（$\beta = 1$ のとき）、オットーサイクルの p-V 線図になります。また、定容受熱部分がなくなると（$\alpha = 1$ のとき）、ディーゼルサイクルの p-V 線図になります。

（2）理論熱効率を求める

サバテサイクルの理論熱効率 η_{ths} を表わす関係式を導いてみましょう。

まず、受熱過程は定容受熱と定圧受熱の二段階なので、

＜受熱量 Q_1＞

$$Q_1 = Q_v + Q_p = mc_v(T_3 - T_2) + mc_p(T_{3'} - T_3) \tag{3.8}$$

排熱は定容排熱なので、

＜排熱量 Q_2＞

$$Q_2 = mc_v(T_4 - T_1) \tag{3.9}$$

式(3.8) および式(3.9) を熱効率の定義式(3.1) に代入すると次のようになります。

$$\eta_{ths} = 1 - \frac{Q_2}{Q_1} = 1 - \frac{mc_v(T_4 - T_1)}{mc_v(T_3 - T_2) + mc_p(T_{3'} - T_3)} = 1 - \frac{(T_4 - T_1)}{(T_3 - T_2) + \kappa(T_{3'} - T_3)} \tag{3.10}$$

よって、各点の温度（$T_1 \sim T_4$）がわかれば、理論熱効率が求まります。各点の温

度は、受熱量などにより大きく変化してしまいます。そこで、熱力学の諸法則を使って、各温度の普遍的な関係を導いていきます。

まず、状態1～2は断熱変化なので、$pV^{\kappa}=$一定の関係があります。ここでは温度Tの関係が知りたいので、理想気体の状態方程式$pV=mRT$を変形して$p=mRT/V$を$pV^{\kappa}=$一定の式に代入すると、mとRは定数なので、$TV^{\kappa-1}=$一定となります。よって、状態1～2には次の関係が成り立ちます。

$$T_1 V_1^{\kappa-1} = T_2 V_2^{\kappa-1}$$

$$\therefore T_2 = T_1 \left(\frac{V_1}{V_2}\right)^{\kappa-1} = T_1 \varepsilon^{\kappa-1} \tag{3.11}$$

式(3.11)によって、T_2をT_1で表わすことができました。

次に、状態2～3は定容変化($V=$一定)なので、理想気体の状態方程式$pV=mRT$のうち、VとmとRが一定なので、$p/T=$一定の関係が成り立ちます。よって、状態2と状態3の間の関係は次のようになります。

$$\frac{p_2}{T_2} = \frac{p_3}{T_3}$$

$$T_3 = T_2 \frac{p_3}{p_2}$$

式(3.7)と式(3.11)を用いれば、次のようになります。

$$\therefore T_3 = T_2 \frac{p_3}{p_2} = T_1 \varepsilon^{\kappa-1} \alpha \tag{3.12}$$

式(3.12)によって、T_3もT_1で表わすことができました。

次に、状態3～3'は等圧変化なので、理想気体の状態方程式$pV=mRT$のうち、pとmとRが一定なので、$V/T=$一定の関係が成り立ちます。

$$\frac{V_3}{T_3} = \frac{V_{3'}}{T_{3'}}$$

$$T_{3'} = T_3 \frac{V_{3'}}{V_3}$$

式(3.6)と式(3.12)を用いれば、次のようになります。

$$\therefore T_{3'} = T_3 \frac{V_{3'}}{V_3} = T_1 \varepsilon^{\kappa-1} \alpha \beta \tag{3.13}$$

式(3.13)によって、$T_{3'}$もT_1で表わすことができました。

最後に、状態3'〜4は断熱変化なので、圧縮行程と同じく$TV^{\kappa-1}=$一定の関係が成り立ちます。

$$T_{3'} V_{3'}^{\kappa-1} = T_4 V_4^{\kappa-1}$$

$$T_4 = T_{3'} \left(\frac{V_{3'}}{V_4} \right)^{\kappa-1}$$

ここで、$V_{3'}/V_4$は、特に定義された指標ではないので、次のように$V_2/V_2=1$をかけることで、圧縮比εと締切比βで表わします。加えて、式(3.13)を代入すれば、

$$T_4 = T_{3'} \left(\frac{V_{3'}}{V_4} \right)^{\kappa-1} = T_{3'} \left(\frac{V_2}{V_4} \cdot \frac{V_{3'}}{V_2} \right)^{\kappa-1} = T_1 \varepsilon^{\kappa-1} \alpha \beta \left(\frac{1}{\varepsilon} \cdot \beta \right)^{\kappa-1} = T_1 \alpha \beta^{\kappa} \tag{3.14}$$

となります。式(3.14)によって、T_4もT_1で表わすことができました。

式(3.11)〜(3.14)を、熱効率の式(3.10)に代入すると、以下の通り「サバテサイクルの理論熱効率式η_{ths}」が導かれます。

$$\eta_{ths} = 1 - \frac{(T_4 - T_1)}{(T_3 - T_2) + \kappa(T_{3'} - T_3)} = 1 - \frac{(T_1 \alpha \beta^{\kappa} - T_1)}{(T_1 \varepsilon^{\kappa-1} \alpha - T_1 \varepsilon^{\kappa-1}) + \kappa(T_1 \varepsilon^{\kappa-1} \alpha \beta - T_1 \varepsilon^{\kappa-1} \alpha)}$$

$$= 1 - \left(\frac{1}{\varepsilon^{\kappa-1}} \right) \frac{T_1(\alpha \beta^{\kappa} - 1)}{T_1[(\alpha-1) + \kappa \alpha(\beta-1)]}$$

＜サバテサイクルの理論熱効率式＞

$$\therefore \eta_{ths} = 1 - \left(\frac{1}{\varepsilon^{\kappa-1}} \right) \left(\frac{\alpha \beta^{\kappa} - 1}{(\alpha-1) + \kappa \alpha(\beta-1)} \right) \tag{3.15}$$

サバテサイクルの理論熱効率式(3.15)において、締切比$\beta=1$を代入すると、オットーサイクルの理論熱効率の式(3.16)が導かれます。

また、圧力上昇比$\alpha=1$を代入すると、ディーゼルサイクルの理論熱効率の式(3.17)が導かれます。これらのイメージを図3.3に示します。

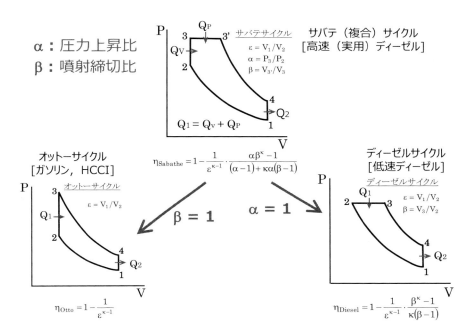

図3.3　サバテサイクルとオットーサイクルとディーゼルサイクルの関係

＜オットーサイクルの理論熱効率式 η_{tho}＞式(3.15)の $\beta=1$ とすると導かれます。

$$\eta_{tho} = 1 - \left(\frac{1}{\varepsilon^{\kappa-1}}\right) \tag{3.16}$$

＜ディーゼルサイクルの理論熱効率式 η_{thd}＞式(3.15)の $\alpha=1$ とすると導かれます。

$$\eta_{thd} = 1 - \left(\frac{1}{\varepsilon^{\kappa-1}}\right)\left(\frac{\beta^{\kappa}-1}{\kappa(\beta-1)}\right) \tag{3.17}$$

（3）理論熱効率の向上法

　図3.4に、比熱比 κ と圧縮比 ε がオットーサイクルの理論熱効率におよぼす影響を図示します。この図から、以下のことがいえます。

1. 圧縮比が高いほうが理論熱効率が高くなる
2. 比熱比が高いほうが理論熱効率が高くなる

つまり、ガソリンエンジンの熱効率を理論的に高める手段は、高圧縮比設計と、高比熱比運転です。比熱比を高める方法は、後述します。

　図3.5に、比熱比1.4一定で、締切比 β（具体的には、締切比が大きいことは、燃料噴射期間が長いことを意味しています）が異なる場合のディーゼルサイクルの理論熱効率を示します。なお、比較のために、同じ比熱比1.4でのオットーサイクルの理論熱効率特性を破線で示します。この図から、以下のことがいえます。

1．圧縮比 ε が高いほど理論熱効率が高い
2．締切比 β が低いほど理論熱効率が高い
3．図には示されていないが、熱効率式にオットーサイクルと同じ $1-(1/\varepsilon)^{\kappa-1}$ の項が含まれていることからわかるように、オットーサイクルと同じく比熱比が高いほうが理論熱効率が高い

　つまり、オットーサイクルと同じように、高圧縮比、高比熱比で運転することと、なるべく締切比が低い（定圧受熱期間が短い）ほうが良いことがわかります。

　また、同じ比熱比と同じ圧縮比で比べると、オットーサイクルのほうがディーゼルサイクルよりも理論熱効率が高いことがわかります。実際のエンジンの熱効率は、ディーゼルエンジンのほうが高い場合が多いですが、これは、ガソリンエンジンとディーゼルエンジンとで圧縮比や比熱比が異なるためです。

　サバテサイクルはオットーサイクルとディーゼルサイクルの両方の特性を持っているため、両者の間の熱効率特性を示します。なるべく、α が大きくて β が小さい、つまりオットーサイクルに近づくほど、理論熱効率が向上します。しかし、オットー

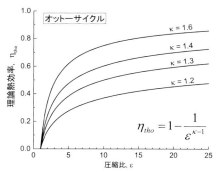

図3.4　オットーサイクルの理論熱効率特性

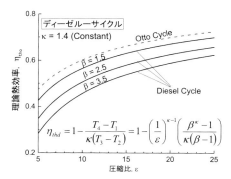

図3.5　ディーゼルサイクルの理論熱効率

サイクルの場合は最高燃焼圧力が高くなるために、高負荷の運転ができないなどの問題があります。このような熱効率以外の様々な制約条件を勘案して、適正な燃焼サイクルが用いられています。

理論熱効率を決定する重要なファクターの一つが比熱比ですが、比熱比は気体の種類や温度によって変化します。燃料と空気の混合気の比熱比の温度依存性を図3.6に示します。

二原子分子(N_2とO_2)がほとんどを占める空気の、常温での比熱比は約1.4ですが、比熱比は温度が上昇するほど低下します。加えて、混合気中に含まれる空気質量を燃料質量で割った数値である空燃比が低くなるほど(空気の占める割合が減るほど)、多原子分子で比熱比が低い燃料の割合が増えるため、比熱比が低下していきます。

つまり、理論熱効率を高めるためには、希薄燃焼、低温燃焼が有効です。

以上は、熱力学の原理に基づいて熱効率を向上する手段を議論したものです。実際のエンジンでは、熱力学だけでは定まらない種々のファクターの影響を受けて熱効率が決まります。以後にそれらの実際のエンジンで起こる損失などを考えます。

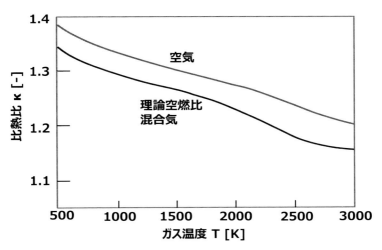

図3.6　空気および混合気の比熱比の温度依存性

3-2　実際のエンジン動作とp-V線図

　理想化された理論サイクルでは、圧縮行程と膨張行程を断熱変化とみなし、受熱過程を、定容変化（オットーサイクル）、定圧変化（ディーゼルサイクル）、あるいはその組み合わせ（サバテサイクル）とみなし、排熱過程を定容変化とみなしています。しかし、実際のエンジンでは、圧縮・膨張中に熱の逃げがあるため断熱にはなりません。また、燃焼は瞬時に行われるわけではないため、定容にはなりません。そのため、実測のp-Vはオットーサイクルなどの理論サイクルと異なります。

　図3.7に、4ストロークガソリンエンジンの動作とp-V線図の関係を模式的に示します。実サイクルでは、次のようにp-V線図が描かれます。

＜吸気行程a-b＞

　ピストン降下により新気がシリンダ内に吸入される。このとき、スロットル弁、バルブ等の通気抵抗によって圧力が低下するため、シリンダ内の圧力は大気圧よりも低下する。

＜圧縮行程b-c＞

　新気を圧縮する。圧縮上死点の少し前に火花点火を行い、初期火炎を形成する。

＜燃焼過程c-d＞

　火炎伝播で燃焼が進行する。その際、ピストンは膨張行程に入っているため、容積が増えながら圧力が増加する（定容変化にはならない）。

＜膨張行程d-e＞

　燃焼ガスが膨張する。下死点に到達する少し前に排気バルブを開くため、排気が噴出し圧力が低下する（ブローダウンという）。

＜排気行程e-a＞

　シリンダ内に残留した排気をピストンで押し出す。その際、残圧や排気系の通気抵抗などがあるため燃焼室内の圧力は大気圧よりも高くなる。

　理論的なオットーサイクルは、図3.2で示したように定容変化と断熱変化の組み合わせで構成されますが、ガソリンエンジンの燃焼室内の圧力測定結果から実測の

p-V線図を描くと、図3.7で示したようになります。実測のp-V線図は、理論サイクルのp-V線図に比べて、次の特徴があります。

1. 正の仕事である右回りのp-V線図の領域（面積）が減少
2. 圧縮-受熱（燃焼）-膨張時のp-V線図の角が丸みを帯びている
3. 排気から吸気行程にかけて、負の仕事である左回りの領域が発生

これらの相違が発生する理由は、実際のエンジンでは、理論サイクルで考慮されていない様々な損失（ロス）が発生するためです。次節で実際のサイクルの各種の損失とその低減法などを考えます。

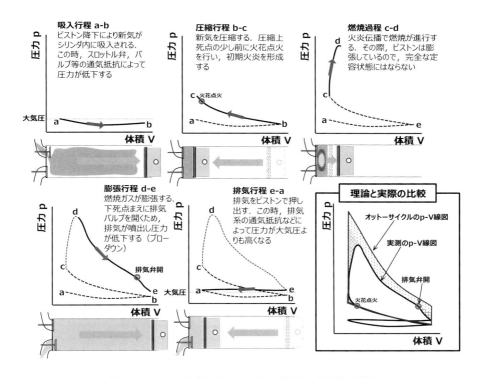

図3.7 4ストロークガソリンエンジンの動作とp-V線図の関係

3-3　実エンジンの各種損失とその低減

実際のエンジンでは、図2.14で示したように、以下のような損失が発生します[3-1][3-2]。
① **冷却損失**：高温なガスから燃焼室やシリンダ壁などを通じて熱が逃げ、燃焼室内圧力が低下する
② **ポンピング損失**：正圧の排気を押し出し、負圧で吸気を行うのに要する仕事
③ **時間損失**：燃焼に時間を要することでp-V線図の面積が小さくなる
④ **排気吹出し(ブローダウン)損失**：膨張行程の後半で排気バルブを開くことで燃焼圧が低下する
⑤ **機械損失(フリクションロス)**：ピストンとシリンダ、軸受けその他の摩擦、吸排気弁駆動やその他の補器類駆動で消費する仕事

次に、それらの各種損失の特性を示します。

(1) 冷却損失

通常、エンジンの燃焼室壁面温度は300℃程度以下です。そのため、吸気行程から圧縮行程の途中にかけては、ガス温度よりも壁温度のほうが高くなります。それにより、吸入された気体は壁から熱をもらいます。

圧縮行程の途中で、壁温度とガス温度の関係が逆転することにより、今度はガスから壁に熱が逃げるようになります。その後、燃焼によってガス温度が増大するため、圧縮上死点付近から膨張行程にかけては大きな熱損失が発生します。この燃焼室の壁面から伝わる熱によるエンジンの過熱を防ぐために、適正な度合いのエンジンの冷却が必要になります。そこで、この熱を冷却損失と呼びます。

圧縮上死点付近から膨張行程にかけて、高温な燃焼ガスの発生により壁面等を通じて外部に逃げる毎秒当たりの熱量Q_{cool} [W]は、ニュートンの冷却の法則によって次のように表わすことができます。

$$Q_{cool} = \alpha S \tau (T_{gas} - T_{wall}) \tag{3.18}$$

ここで、α [W/(m²K)]は熱伝達率といい、この数値が大きいほど熱が伝わりやすい伝熱面であることを意味します。α は表面の材質、表面の流動状態などによって変化します。S [m²]は燃焼室表面積、τ [s]は熱移動に許される時間、T_{gas} [K]は燃焼ガス温度、T_{wall} [K]は燃焼室の内壁温度です。つまり、冷却損失は主に以下の要因に影響されます。

［1］燃焼ガスと壁面との温度差（$T_{gas} - T_{wall}$）
［2］燃焼室表面積Sと燃焼室容積Vの比（S/V比）
［3］機関回転速度（燃焼室が高温な燃焼ガスにさらされる時間スケール）

　上記［1］を減らすには、燃焼温度T_{gas}の低減が有効です。そのため、希薄燃焼、排ガス再循環（EGR）などを行うことで燃焼温度を下げる技術があります。また、壁温度T_{wall}を高くしてガスとの温度差を減らす方法も考えられます。しかし、壁温度の高温化は充填効率の低下、ノッキングの発生、窒素酸化物NO_Xの発生などの問題が生じることに加え、減少した熱損失分が有効な仕事に変換せずに排気のエネルギー（排気温度の上昇）に費やされるなどの理由から、効果を得るには工夫が必要です。

　［2］のS/V比については、大きな熱損失が起こる圧縮上死点近傍において、燃焼室容積Vに占める燃焼室表面積Sの割合が大きいほど、熱の逃げ（冷却損失）が大きくなります。そのため、S/V比を低くする必要があります。

　図3.8に示すような、単純な円柱形燃焼室（パンケーキ型燃焼室）を持つエンジンを考えます。図に示すように、シリンダ内径B、ストロークℓ_s、排気量V_s、すき間容積V_cとしたとき、上死点でのS/V比はどのようになるのかを考えます。例として、総排気量2000cm³（2000cc）、圧縮比12の4気筒エンジンをベース条件として考えて、ストローク／ボア比※（$SB = \ell_s/B$）、気筒数（1シリンダ当たりの行程容積が変わる）、圧縮比が変化した際のS/V比を計算すると、図3.9のようになります。

※ストロークℓ_sをボア径Bで割ったもの。$SB>1$のエンジンはボアよりもストロークが長いのでロングストロークエンジンと呼び、$SB<1$のエンジンはボアよりもストロークが短いのでショートストロークエンジンと呼び$SB=1$はボア＝ストロークのためスクエアと呼びます。

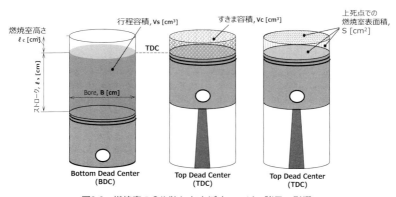

図3.8　燃焼室のS/V比におよぼすエンジン諸元の影響

3-3　実エンジンの各種損失とその低減

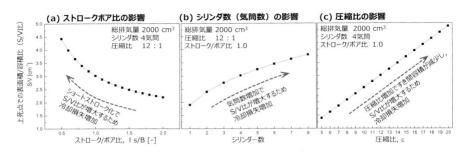

図3.9 ストロークボア比、気筒数、圧縮比がTDCでのS/V比におよぼす影響

(a) ロングストローク化

多量の冷却損失が起こる圧縮上死点付近では、図3.8の最右図のように燃焼室が扁平になるため、S/V比が増加します。ロングストローク化することで、上死点付近で燃焼室が扁平になりにくいため、S/V比が低下して冷却損失が低減します。

(b) レスシリンダ化

同一総排気量でシリンダ数を増やすと、燃焼室を小分けにすることになるため、トータルのS/V比が増加し、冷却損失が増大します。そのため、1シリンダ当たりの排気量を大きくするほど、S/V比が低下して冷却損失が減少します。つまり、気筒数を減らすレスシリンダ化を行うことで冷却損失が低減します。しかし、特にガソリンエンジンでは、シリンダ大型化は火炎伝播距離の増加などによる耐ノッキング特性の悪化、燃焼期間の長期化などのマイナス要因によって制限を受けます。

ディーゼルエンジンは大型化しやすいため、冷却損失を減らすのに有利になります。その他、気筒数の減少はエンジンの振動を増加させるため、その対応が必要になります。

(c) 高圧縮比

高圧縮比化すると、理論熱効率が向上する一方で、燃焼室容積V_cの減少によってS/V比が増加するので、冷却損失が増大します。そのため、圧縮比を増加させた際の図示熱効率は、冷却損失の増大と相殺されてやがて頭打ちになります。特に、ベースの排気量が小さいエンジンほど、S/V比増大効果が大きいため、より低圧縮比側で熱効率が頭打ちになります。つまり、1シリンダ当たりの排気量が大きいエンジンほど、高圧縮比化による熱効率向上効果が大きくなります。

[3]については、伝熱時間が短くなる高回転数側ほど、冷却損失が低減する傾向にあります。ただし、高回転数域では摩擦損失が増大するため、その間の適正な回転域での運転が必要です。

(2) ポンピング損失

図3.10に模式的に示すように、排気行程中は、燃焼室内の残圧に打ち勝って排気を押し出す必要があるため、エンジンにとって負の仕事が発生します。

その後、吸気行程ではスロットルバルブで吸気絞りを行った状態で吸気行程を行うため、スロットルバルブを通過する新気の圧力が低下してピストンの下降を妨げる力が発生します。その力に打ち勝って吸気行程を行う必要があるため、同じくエンジンにとって負の仕事が発生します。それらの負の仕事で生じる損失をポンピング損失と呼びます。特に、吸気時の損失はスロットルバルブを閉じることで大きくなるため、ポンピング損失を減らすための有効な手段は、スロットルで吸気を絞らないことです(ノンスロットル化)。

ガソリンエンジンとディーゼルエンジンを比較すると、スロットル絞りの要否に大きな違いがあります。図3.11に、横軸を負荷とした際の1サイクル当たりの燃料投入量、吸入空気量、空燃比の関係を模式的に示します。

ガソリンエンジンは、安定した燃焼と排気浄化(排気後処理に用いる三元触媒の

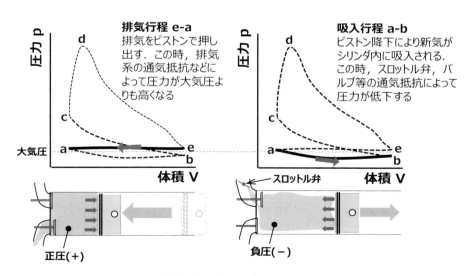

図3.10 吸排気行程で発生するポンピングロスのイメージ

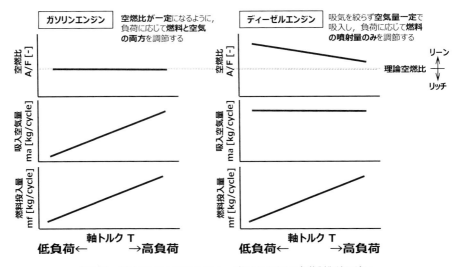

図3.11　ガソリンエンジンとディーゼルエンジンの負荷制御法の違い

浄化効率確保のため。詳しくは第5章で学びます）のために、常に理論空燃比付近で運転することが基本です。そのため、低負荷（必要トルクが低いとき）で燃料投入量が少ないときには、空燃比が理論空燃比になるようにスロットル弁で空気も絞る必要があります。それにより、特に低負荷になればなるほど吸気時の燃焼室内圧力（吸気圧力）が低下し、ポンピングロスが増大します。

一方で、ディーゼルエンジンは負荷によらずに常に吸えるだけの空気を吸入しておき、必要な負荷に応じて燃料の噴射量を変化させます。それゆえ、常に吸気絞りを行わないため、ガソリンエンジンに比べて特に低負荷時のポンピングロスが低減します。

以上の理由から、ガソリンエンジンは、特に低負荷時にディーゼルエンジンに比べてポンピングロスによる燃費悪化が課題になります。ポンピングロスを減らす具体的な技術については、第4章で取り上げます。

（3）時間損失

火花点火から燃焼完了までにある程度の時間を要するため、その間にピストンは移動します。その結果、図3.12の③に示す領域が失われます。この面積が失われた仕事であり、これを時間損失と呼びます。

時間損失を減らすためには、定容受熱になるように燃焼することが必要です。つ

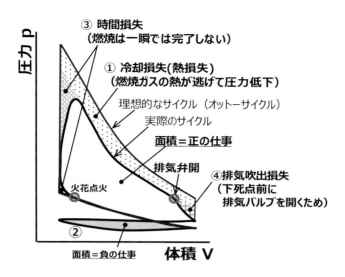

図3.12　p-V線図上に現れる各損失

まり、燃焼期間を短期化することが求められます。特に、低回転時はシリンダ内のガス流速が低く、混合気の乱れが少ないため、火炎伝播速度が低下します。同じく、低負荷条件ほど、吸気絞りで新気の吸入量が減るため、その分前のサイクルの残留ガスが増加しやすい傾向にあります。残留ガスの主成分はすでに燃えた後の組成（二酸化炭素、窒素など）のため、燃焼速度自体が低下し、結果として時間損失が増加します。

　これらの条件での時間損失の低減を行うために、低負荷時に吸気バルブリフトを低下させたり、吸気2弁のうち片方のバルブを休止して燃焼室内に強い流動（横渦：スワール）を作る方法や、ポートの一部をふさいだり、ポートの形状を工夫するなどして吸気流速を上げて吸入することで、シリンダ内に縦渦（タンブル）を形成するなど、様々な対策が施されています。

（4）ブローダウン損失

　通常、次のサイクルの吸気性能を考えて、膨張行程の後半の圧力が低下した時点で早めに排気バルブを開き、下死点前から燃焼ガスを排出します。

　そのため、図3.12の④に相当する面積が失われます。これらの損失を減らすためには、基本的には次の考え方が大切です。

1. なるべく早く燃焼を終え、膨張行程で仕事に変換する。ピストン膨張仕事に変換されたエネルギーが多いほど、排気温度と排気圧力は低くなるため、ブローダウン損失も低下する。
2. 膨張行程を長くして、できるだけ膨張仕事に変換する。
   これは、高膨張比サイクルなどと呼び、圧縮比よりも膨張比を高くすることで多くの仕事を取り出そうとするものです(4-6を参照)。

以上のような損失を低減するため、エンジン開発が行われています。その技術の詳細については、次章以降で解説します。

▥参考文献▥
(3-1) 村中重夫編著：自動車用ガソリンエンジン―研究開発技術者の基礎と実際, 養賢堂, (2011)
(3-2) 自動車技術ハンドブック(基礎・理論編), 自動車技術会(2015)

第4章　ガソリンエンジンの低燃費化技術

　前章では、エンジンの熱効率を高める原理を学びました。本章では、ガソリンエンジンの高効率化に寄与する主要な技術を例に挙げ、「なぜこの技術が有効なのか？」を考えます。

4−1　高圧縮比エンジン

(1) 高圧縮比化による高熱効率化

　オットーサイクルの理論熱効率は、圧縮比 ε と比熱比 κ を高めることで向上します。高圧縮比化によって排熱 Q_2 が減り、図4.1の空気サイクルのように熱効率が向上します。

　実際のエンジンでは、冷却損失、摩擦損失などが存在するため、それらの影響を受けて図示熱効率や正味熱効率が決定します。図4.1に示すように、実際のサイクルの熱効率は、空気サイクルに比べて低くなります[4-1][4-2]。これは前章で述べた通り、以下の影響を受けるためです。

＜実際のサイクルの熱効率が理論サイクルよりも低下する理由＞

1．燃料と空気の混合気を用いるため比熱比 κ が空気よりも低下する
2．実際のサイクルでは、ガス温度上昇により比熱比が低下する効果も加わる
3．冷却損失が加わる
4．一部の燃料は燃え残るため、その損失（未燃損失）が加わる
5．その他、時間損失、ポンプ損失などが加わる（特に低負荷時に影響が大きい）

　さらに、高圧縮比化とともにやがて実際のエンジンの熱効率が頭打ちになっていることがわかります。これは、高圧縮比化とともに S/V 比が増加して、冷却損失および未燃損失が増えるためです。未燃損失が増える理由は、第5章で説明する未燃

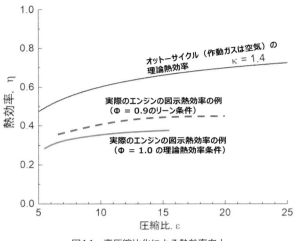

図4.1　高圧縮比化による熱効率向上

炭化水素（HC）の排出とも深く関連します。燃焼室表面近傍のガスは壁に冷やされて温度が低下しますので、壁面付近の混合気は十分に反応できません（これを消炎層と呼びます）。S/V比が大きいほど表面積の占める割合が大きいため、未燃損失も増加します。

　以上のことから、簡単にいえば、高圧縮比化により理論熱効率は向上しますが、同時に冷却損失や未燃損失の増加が起こるため、エンジンの仕様や運転条件ごとに最適な圧縮比が存在することになります。

　図4.1で示した例では、圧縮比15程度以上では図示熱効率が頭打ちになっていますので、それ以上圧縮比を増加させても大きなメリットはありません。むしろ、最高圧力増大に対応するためのエンジン重量の増加やそれに伴うフリクションロスの増加などもあり、正味熱効率や走行燃費で考えるとさらに低めの圧縮比に最適値が現れる傾向があります。

　ここで注意が必要なのは、図4.1の例は、"とある"「行程容積、回転速度、燃焼室形状、ストロークボア比、空燃比」での結果にすぎません。これらのファクターが変われば冷却損失、摩擦損失、未燃損失などの状態が変化するため、最適な圧縮比は変わります。よって、圧縮比15程度が普遍的な最適値という訳ではありません。将来のエンジンでは、より高圧縮比での運転が行われる可能性もあると考えられます。

　これらの特性を理解するために、前章の内容が適用できます。例えば図3.9など

で示したように、冷却損失を例に考えると、「ストロークボア比が大きい(ロングストローク)」、「1気筒当たりの行程容積が大きい」ほどS/V比が低下するため、高圧縮比化した際の冷却損失や未燃損失の増加を低く抑えることができます。そのため、より高圧縮比条件まで熱効率の向上が期待できます。つまり、オートバイのような小排気量のエンジンよりも、乗用車、さらにはトラックなどのように、1シリンダ当たりの行程容積が大きくてロングストロークのエンジンほど、より高圧縮比での運転が向いているといえます(ただし第5章で示す通り、高温化で窒素酸化物〈NO_x〉は増えます)。

その他、リーンバーン運転を行うと燃焼温度が低下するため、同じ負荷、同じS/V比での冷却損失が減少します。そのため、より高圧縮比側に図示熱効率の最適値が現れます。回転速度が高いほど、伝熱時間が短くなることで冷却損失が減るた

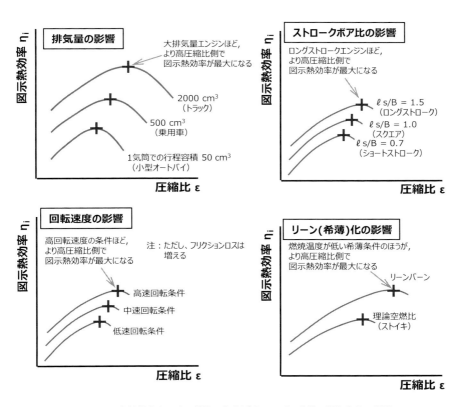

図4.2　最高熱効率を示す圧縮比におよぼすエンジン仕様・運転条件の影響

4-1　高圧縮比エンジン

め、高回転条件ほどより高圧縮比側に図示熱効率の最適値が現れると考えられます。これらのイメージを図4.2に示します。以上のように、対象となるエンジンの仕様と運転条件によってもたらされる図示熱効率への影響の組み合わせに加えて、それぞれの条件でのフリクションロスの効果が加わって、最適な圧縮比が変化します。

（2）ノッキングによる高圧縮比化の制約

　前項では、各種損失とのバランスによって最高熱効率を示す圧縮比が変化することを説明しました。しかし、実際のガソリンエンジンでは、それ以外にも重要な因子があります。それは、ノッキングなどの異常燃焼の発生です。図4.1で示した実際のエンジンの圧縮比と図示熱効率の関係は、特殊な燃料を用いて異常燃焼が起こらない条件で測定した結果に基づいています。実際のエンジンでは、高圧縮比条件ほどノッキングが起こりやすくなります。ノッキングの詳細は第6章で説明しますが、ノッキングが起こると熱効率の悪化、騒音の増大、最悪の場合はエンジン損傷を招くため、ガソリンエンジンの圧縮比の上限が制約されます。

　図4.3に一定負荷（一定の混合気量）、一定回転速度でエンジンを運転しつつ、点火時期 θ_{sp} を変化させた際の軸トルクの関係を模式的に示します。左側の図に示すように、ノッキングが起こらない場合は、点火進角をすると燃焼のタイミング（燃焼圧力が有効にピストンを押すタイミング）が適正値に近づくため、トルクと熱効率が上昇します。燃焼時期が最適になると、トルク上昇が頭打ちになり、さらに点

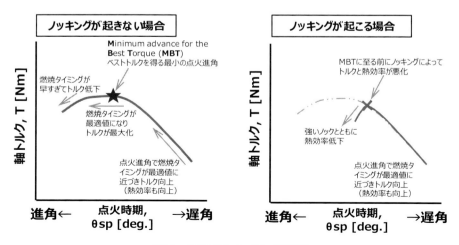

図4.3　点火進角とノッキングの関係

火進角を行うと燃焼時期が早すぎるためトルクが低下します。左側の図中に★マークで示した時期は、"最大トルクを得るための最小の点火進角"の時期です。これをMBT（Minimum advance for the Best Torque）と呼びます。現在の自動車用のエンジンでは点火時期が可変化されていて、運転状況に応じてMBTを狙った点火時期に制御しています。

　図4.3の右側の図は、ノッキングが起こる条件での点火時期とトルクの関係を模式的に示しています。点火時期を進角することでノッキングが発生する条件では、MBTに至る前に騒音、軸トルク低下（熱効率低下）などが起こるため、十分な点火進角を行えず、熱効率の向上が妨げられます。

　ガソリンエンジンでは、高圧縮比化とともにノッキングが発生するため、十分な高圧縮比下での運転が実現できていないのが現状です。図4.4に、高圧縮比化によるガソリンエンジンの熱効率特性を模式的に示します。ノッキングが制約になる条件では、圧縮比を上昇させることでノッキングが発生するため、点火時期を遅角する必要があります。そのため、圧縮比の増加によりかえってトルクと熱効率が低下することもあります。つまり、単に圧縮比を高く設計しても点火時期を進角できないため、高効率なエンジンは実現できません。高圧縮比化とともに、ノッキングを抑制する技術が必要になります。ノッキングの詳細は第6章で説明します。

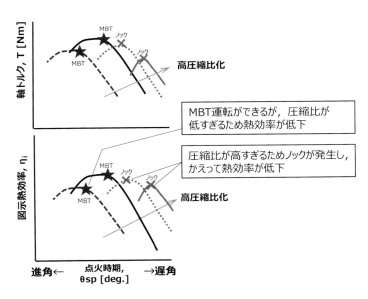

図4.4　ノッキングが起こる圧縮比での軸トルクと熱効率特性

（3）高圧縮比エンジンで起こるユニークな化学反応

前述のとおり、高圧縮比化とともにノッキングが起きやすくなるため、点火時期を遅角していく必要があります。そうすると、十分な膨張仕事が得られず、軸トルクが低下していきます。しかし、高圧縮比化によって混合気温度がある温度領域（概略700～800K前後）に達すると、低温酸化反応と呼ばれる反応による発熱が起こります。低温酸化反応の詳細は、第6章で説明します。

マツダのSKYACTIV-Gエンジンでは、圧縮比14の高圧縮比で運転していますが、このような圧縮比では、低温酸化反応の影響が現れています。

図4.5に、SKYACTIV-Gエンジンの研究開発における圧縮比と軸トルクおよび燃焼圧力の関係を示します[4-3][4-4]。圧縮比13までは、圧縮比の増加とともに正味平均有効圧力（正味平均有効圧力は軸トルクと比例関係にありますので、軸トルクと読み替えられます）が低下しています。これは、ノッキングを回避するために点火時期を遅角する必要があるためです。しかし、圧縮比を13から15まで上げても、正味平均有効圧力はあまり低下していません。このときのp-V線図を見ると、圧縮比15（CR=15）の条件では上死点付近で圧力が上昇しているのがわかります。この時点での圧力上昇は、火炎伝播燃焼によるものではありません。これは、低温酸化反応と呼ばれる化学反応が起こったためです。高圧縮比化に供ない、ピストン圧縮だけで低温酸化反応が発生する温度域に到達したため、上死点付近で低温酸化反応によって圧力が上昇した結果、点火時期を遅角してトルクが低下する分をある程度リカバリーしています。

SKYACTIV-Gエンジンでは、この効果によるトルクの確保を利用しつつ、図4.6に示すように、直噴技術、排ガス再循環（EGR）、キャビティ付きピストン、電動可変バルブタイミング技術などを利用して耐ノッキング性能を上げて、圧縮比14という高圧縮比エンジンを成立させています。

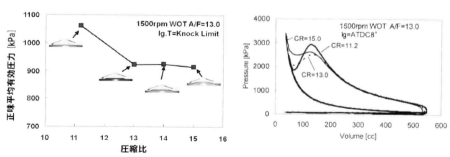

図4.5 高圧縮比での低温酸化反応発生によるトルク低下リカバリー効果 [4-3]

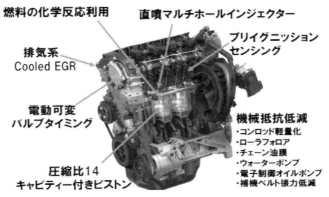

図4.6 SKYACTIV-Gエンジンの適用技術 [4-4]

4-2 リーンバーン

(1) リーンバーンとは

シリンダ内に供給される燃料の質量をm_f[kg]、空気の質量をm_a[kg]としたとき、空気と燃料の質量比を空燃比A/F [-]といいます。

$$A/F = \frac{m_a}{m_f} \quad [\text{-}] \tag{4.1}$$

燃料と酸素が過不足なく反応して完全燃焼する空燃比を理論空燃比$(A/F)_{stoic}$といいます。炭化水素燃料C_mH_nであれば、燃料を構成する炭素Cと水素Hを完全燃焼させて全てCO_2とH_2Oにするのに必要な最少空気量の状態が理論空燃比です。ガソリンの理論空燃比は約15です。つまり、ガソリン1kgを完全燃焼させるには、約15kgの空気が必要です。

また理論空燃比は、燃料を構成するC、H、Oなどの割合で変わるため、その燃料の理論空燃比を基準にして正規化した数値として当量比ϕや空気過剰率λが用いられます。

$$当量比\phi = \frac{理論空燃比}{実際の空燃比} = \frac{(A/F)_{stoic}}{A/F} \tag{4.2}$$

$$空気過剰率\lambda = \frac{実際の空燃比}{理論空燃比} = \frac{A/F}{(A/F)_{stoic}} \tag{4.3}$$

つまり、当量比と空気過剰率は逆数関係にあります。

$$\phi = \frac{1}{\lambda} \tag{4.4}$$

　A/Fが理論空燃比よりも大きいときは、必要以上の空気が存在するため、相対的に燃料が薄いという意味で、希薄状態（リーン）といいます。逆に、A/Fが理論空燃比よりも小さい場合、空気が不足していて燃料が濃い状態のため、過濃状態（リッチ）といいます。

　ϕまたはλを用いると、各条件での空燃比が「理論空燃比なのか？」、「リーンなのか？」、「リッチなのか？」、「どの程度リーンなのか？」などが一目瞭然になります（表4.1）。

表4.1　当量比、空気過剰率と空燃比の関係

希薄（リーン）	理論空燃比（ストイキ）	過濃（リッチ）
$\phi < 1$	$\phi = 1$	$\phi > 1$
$\lambda > 1$	$\lambda = 1$	$\lambda < 1$

（2）リーンバーンの利点と課題

　リーンバーンを行うということは、「燃料に比べて空気を多く吸い込む」ことです。そのため、熱効率にとっては図4.7に示すような複数のメリットが得られます。

　比熱比は、シンプルな構造の分子ほど高くなります。ほとんどが窒素N_2、酸素O_2などの2原子分子で構成される空気の比熱比κは、多原子分子である燃料の比熱比と比べて高いです。そのため、空気の割合が多いリーン条件ほど比熱比が高くなり、

理論熱効率　$\eta_{tho} = 1 - \dfrac{1}{\varepsilon^{\kappa-1}}$　が高くなります。

　リーンバーン条件では、余分な空気を多く含むため、燃焼によって温められるガスの質量が多い状態です。つまり、作動ガス全体の熱容量が大きいため、燃焼時の温度上昇量が低下します。要するに、低温燃焼になります。そのため、燃焼ガスと壁面との温度差が小さくなり、冷却損失が低減します。加えて、第3章の図3.6で示したように、低温燃焼化は比熱比の低下を防ぐ効果があるため、理論熱効率の向上に寄与します。

　空気の割合を増やせるということは、スロットルバルブを開いて運転できること

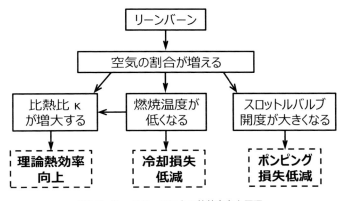

図4.7 リーンバーンによる熱効率向上原理

を意味します。そのため、ポンピング損失が低減します。この効果は、スロットリング運転をしている低負荷（部分負荷）で顕著に現れます。つまり、低負荷での熱効率が向上します。

リーンバーンを行う上で、主に以下の課題が存在します。

①安定した伝播火炎の形成が困難になる
②燃焼温度の低下により火炎伝播速度が低下し、燃焼期間が長期化する
③燃焼温度の低下により未燃炭化水素（HC）、一酸化炭素（CO）排出量が増加する
④三元触媒の浄化効率（窒素酸化物NOx）が悪化する

リーンバーンによる高効率化を成立させるためには、これらの課題をクリアしなければなりません[4-5]。

図4.8に、圧縮比13のガソリンエンジンを用いて、負荷一定（図示平均有効圧力IMEP = 700 kPa）、回転速度2000 rpm一定の条件で空燃比を変化させた際の燃焼特性の実験結果を示します。横軸は点火時期で、縦軸は図示熱効率（η_i）、圧力上昇率の最大値（$dp/d\theta$）$_{max}$、図示平均有効圧力IMEPの変動率〔燃焼変動の度合い〕（COV$_{IMEP}$）です。この実験では、燃料をポート内に噴射しているため、予混合条件での希薄燃焼です。リーン条件ほど、火花放電から燃焼完了までの時間が長期化するため、点火時期（I.T.）を進角しています。

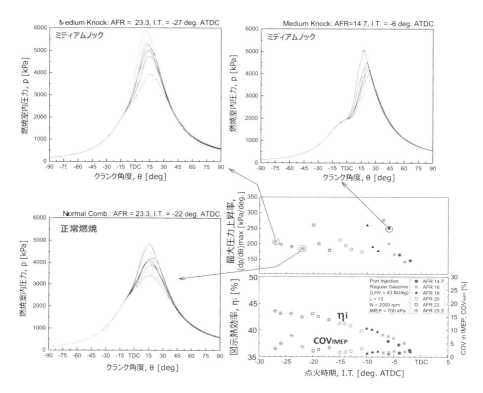

図4.8 希薄燃焼による熱効率向上

空燃比（AFR）14.7が理論空燃比です。理論空燃比の条件において、点火時期を進角させると圧力上昇率の最大値$(dp/d\theta)_{max}$が急上昇しています。これは、ノッキングが発生するためです。リーン化とともに、圧力上昇率の上昇を抑えたまま図示熱効率が向上しています。これは前述のとおり、希薄化による比熱比増加、燃焼温度低減、スロットル開度増加によるポンプロス低減によるものです。

一方で、リーン化とともにCOV$_{IMEP}$が増加する傾向にあります。これは、リーン化によって火炎形成の困難さが現れたことと、火炎伝播速度の低下が起こったためだと考えられます。リーン条件での高効率化やさらなるリーン化のためには、確実に火炎を形成し、急速に火炎伝播燃焼をさせる技術が必要になります[4-5]。

4-3　EGR(排ガス再循環)

(1) EGRとは

　EGR(Exhaust Gas Recirculation)は、排気を再度燃焼室に導く手法を指します。純粋な混合気の主成分は空気と燃料ですが、EGRを与えることで排気中の成分である二酸化炭素CO_2、水H_2Oなどの三原子分子が吸気に混入します。一例として、一般的な外部EGRのシステムを図4.9に模式的に示します。

　EGRを与える方法は複数あります。その概要を図4.10に記します。大きくは、外部EGRと内部EGRに大別できます。外部EGRとは、図4.9に示したように外部の連絡通路を用いて排気側から吸気側にEGRを再循環させる方法です。内部EGRは、外部EGRのように連絡管を用いずに、前のサイクルの燃焼ガス(既燃ガス)を次のサイクルに与える方法であり、主に吸排気のバルブタイミングの工夫によって与えます。例えば、排気バルブを吸気行程まで開けておき、吸気を開始すれば排気側から既燃ガスが吸入されます(排気再吸入)。排気行程途中で排気バルブを閉じてしまえば、排気が残留します(排気残留)。排気行程途中で吸気バルブを開くと、排気の一部が吸気に逆流し、その後の吸気行程で残留ガスと新気が吸入されます(排気逆流)。高圧EGRと低圧EGRについては後述します。

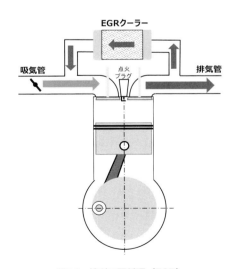

図4.9　排ガス再循環 (EGR)

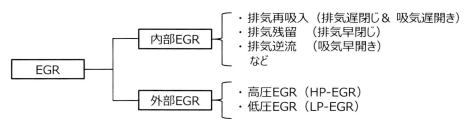

図4.10　EGRの分類

（2）EGRがもたらす効果

EGRは、主に次のような影響をもたらします。

＜利点＞
① 不活性な三原子分子の混合により、燃焼温度が低下する（排気中の窒素酸化物 NO_x 濃度が低減できる［第5章を参照］、冷却損失が低減するなど）
② スロットル運転を行う部分負荷でEGRを入れると、吸気管内圧力が回復するため、ポンピングロスが低下する
③ 空気によるリーン化の代わりに既燃ガスで希釈することになるため、理論空燃比を保ったまま希釈ガスを導入できる。そのため、三元触媒が使用できる（［第5章を参照］リーン化の課題を回避しつつリーン化のメリットを得られる）

＜課題＞
① 許容値以上のEGRを与えると、安定した初期火炎形成が困難になり、燃焼変動の増加、未燃HC、COの増加を招く
② 許容値以上のEGRを与えると、火炎伝播速度が低下し、燃焼変動の増加、熱効率の低下、未燃HC、COの増加を招く

以上のように、基本的には空気の代わりに燃焼ガスで薄めることになるため、リーン化と同様のメリットを得ることができます。リーン化との違いは、理論空燃比を保つことができるので、三元触媒による排気後処理が容易であることなどがあります。

そのため、多くの市販車でEGRが利用されています。EGRの課題は、リーン化同様に安定した点火と火炎伝播を維持することです。ガス流動の強化、点火システムの工夫、バルブタイミングの工夫、筒内直噴の活用などの様々な方策により、多量のEGRを与えた条件でエンジンが成立するような技術開発がすすめられています[4-6][4-7]。

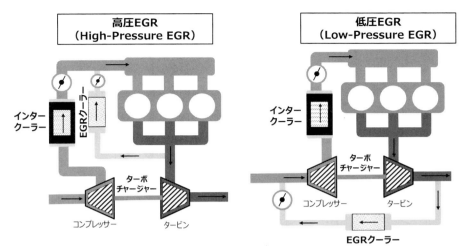

図4.11 低圧EGRと高圧EGR

(3) 低圧EGRと高圧EGR

　ターボチャージャー付のエンジンでは、コンプレッサー以降の吸気管は高圧なため、タービン前の高圧な排ガスを導入することになります。これを高圧EGR(High-pressure EGR [HP-EGR])といいます。この場合、タービンで仕事をするべきであるタービン前のガスのエネルギーを低下させてしまうことや、高圧な吸気中にガスを入れなければならないため、多量のEGRを入れるのが困難などの課題が生じます。

　そこで、タービン入り口の低圧側にEGRを入れる、低圧EGR(Low-pressure EGR [LP-EGR])が利用されます。高圧EGRと低圧EGRの系統図を図4.11に示します。LP-EGRを行う場合、EGRはコンプレッサーを通過することになるため、EGRクーラーで凝縮した水やその他の腐食性物質によるEGRクーラー、EGRバルブ、コンプレッサーなどの構成部品の耐久信頼性が課題になります。

4-4　可変動弁技術

(1) 可変動弁機構の分類

　エンジンは、幅広い回転速度と負荷(トルク)の組み合わせで運転されるため、運転条件ごとに最適な吸排気タイミング、吸排気リフトなどが異なります。その他、厳しい排気・燃費規制などの観点からも運転状態に応じて様々なバルブタイミング・リフトが要求されます。

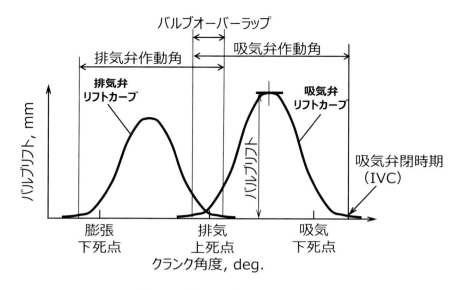

図4.12 吸排気バルブのリフトカーブの例

　図4.12に、バルブリフトカーブを模式的に示します。一般に、膨張行程の後半の下死点前に排気バルブが開きます。その後、排気上死点前に吸気バルブが開き、上死点後に排気バルブが閉じます。この領域では吸気弁と排気弁がともに開いているため、バルブオーバーラップ（弁重合）と呼ばれます。この区間で、より多くの新気を導入しつつ排気を押し出します。
　また、吸気の下死点の時点では、吸気開始で負圧になったシリンダ内圧力が回復しつつ、加速した新気が引き続き吸入されているため、吸気弁は下死点を過ぎてから閉じます。

　表4.2に、幅広い運転領域においてエンジンの高性能化を実現するうえでのバルブタイミング・リフトに対する要求をまとめます。広い運転範囲で要求に満足できるエンジンにするうえで、吸排気系の可変技術が力を発揮します。
　このような背景から、これまでに様々な可変動弁システムが実用化されました。主な可変動弁技術の分類を表4.3に示します。

表4.2 回転速度に応じた吸排気への要求

	吸気作動角	吸気弁閉時期	オーバーラップ	リフト
アイドリング	狭く	早く	小さく	小さく
低速	⇕	⇕	⇕	⇕
中速				
高速	広く	遅く	大きく	大きく

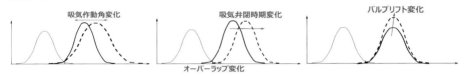

表4.3 主な可変動弁機構

可変対象	原理	特徴	具体例
①カム位相可変式	・カムの位相角を進角または遅角方向に変化させる	・カム、バルブ回りの動弁系の変更が不要なためシンプル ・カム駒は固定のため、カムプロフィールは変わらない	・多くのメーカーで採用されている
②カム切り替え式	・2つ以上のカムをもち、運転領域（低速域、高速域など）に応じてそれらを切り替える	・カムプロフィール自体が変化するため、作動角、リフト、オーバーラップが変わる	VTEC（ホンダ） MIVEC（三菱）
③連続可変式	・ロッカーアームのレバー比（てこ比）を連続的に変化させることでリフトと作動角を連続的に変化させる	・バルブリフトとバルブ作動角を連続的に変化させる ・絞り弁開度によらずに吸気量を可変化できるため、ノンスロットル運転によるポンプロス低減に有効 ・機構が複雑で、シリンダヘッド大型化、重量増、コスト増の懸念がある	Valvetronic（BMW） VVEL （日産、日立AMS） MIVEC（日産）

①カム位相可変式（VVT：Variable Valve Timing）

　この方式は、カムシャフトの回転角がクランクシャフトの回転角に対して進角および遅角できます（図4.13）。可変機構を持たない場合、カムシャフトはカムプーリーやスプロケットが、ベルト、チェーン、ギヤ等を通じてクランク軸と繋がり、クラ

ンク軸の1/2の回転速度で駆動されています。VVT方式の場合、カム軸がプーリー(スプロケット)に対して進角・遅角側に位相変化(回転)できる構造になっています。

VVTでは、吸気バルブの閉じるタイミングを下死点以降まで遅らせることで有効圧縮比を低下させ、相対的に"圧縮比＜膨張比"とする高膨張比化を行うのにも利用されています(吸気遅閉じミラーサイクル、4-6を参照)。

位相を変化させる方法には、油圧式と電動式があります。油圧式は、電動式に比べて低コスト等の理由から多く用いられています。しかし、油温が低い始動時からの作動が困難なことなどが課題です。電動式は、油温上昇によらずに作動角を変化できるため、始動時から作動が可能です。VVTを行う効果は、排気側よりも吸気側のほうが高いため、吸気側のみVVT化する場合が多いです。排気側もVVT化することで、排気遅閉じ(排気再吸入)、排気早閉じ(排気閉じ込め)による内部EGRを与えることができるなど、吸気VVTだけでは得られない効果が得られるため、吸排気VVTを行う機種もあります。

VVTを用いた広い運転領域でのバルブタイミングの適正化例を図4.14に示します。このエンジンでは、吸気側を応答性が高い電動VVTとしていますが、始動時には排気側のVVTは必要ないため、排気側は油圧のVVTとしています。この方式によって、以下のような効果をもたらします。

＜始動・暖気時＞

吸気バルブタイミングを進角させ、バルブオーバーラップを増大させる：バルブオーバーラップが増大することで、排気の一部が吸気ポートに逆流し、新気が加熱されます。その結果、燃料の霧化が促進され、低温始動時の未燃炭化水素(HC)の排出量が低減します。

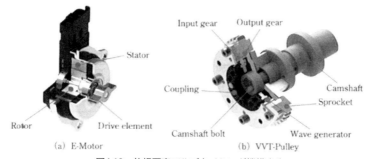

図4.13　位相可変バルブタイミング機構 (4-8)

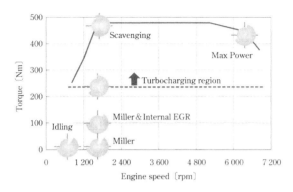

図4.14　吸気電動VVT、排気油圧VVTを用いた広い運転領域での性能向上 (4-8)

＜高膨張比運転　方法1＞

吸気バルブタイミングを遅角させ、吸気遅閉じミラーサイクル運転を行う。
（ミラーサイクルについては、4-6で説明します）

＜高膨張比運転　方法2＞

吸気バルブタイミングを進角させ、吸気早閉じミラーサイクル運転を行う。

＜低速高負荷時＞

ノッキングなどの異常燃焼が発生しやすいため、適正な範囲でオーバーラップを大きくとって掃気を行う（新気で高温な残留ガスを押し出し、ノックを防ぐ）。

＜高出力運転＞

吸気閉じ時期を遅らせて、高回転域においても高い体積効率を確保することで高い平均有効圧力を維持し、出力を向上させる。

②カム切り替え式

2種類のカムを持ち、それらを切り替えるなどして、運転領域に応じてより適正なカムプロファイルで運転する技術です。ホンダのVTEC(Variable valve Timing and lift Electronic Control)、三菱自動車のMIVEC(Mitsubishi Intelligent & Innovative Valve timing & lift Electronic Control)などがあります。図4.15にVTEC機構の例を示します。低速用と高速用の2種類のカムを持ち、それぞれがロッカーアームを押しています。低速カムで駆動されるロッカーアームが吸気バルブを押す構造になっています。高速カムは、広い作動角と高いリフトでロッカーアーム

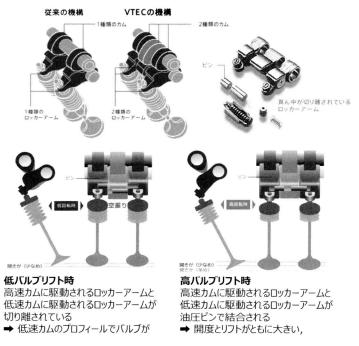

図4.15 ホンダ VTEC機構 [4-9]

を押しますが、低速時は高速カムのロッカーアームは切り離されているため、高速カムはロッカーアームを空押ししているだけになります。高速カムに切り替えるときには、ロッカーアーム内にある油圧駆動のピンが高速側のロッカーアームと低速側のロッカーアームを結合します。その結果、バルブは高速カムのプロファイルで駆動されます。この機構を応用して、吸気2バルブの片側のみをほぼ休止して筒内に強い流動を作ったり、吸排気バルブを休止させて気筒休止運転をするなどが可能です[4-10] [4-11]。

③連続可変式

カムは固定の状態で、ロッカーアームのレバー比を変化させることで、リフトと作動角を連続的に変化させるシステムを指します。BMWのValvetronic（図4.16）などがよく知られています。この方式は、連続的にリフトと作動角を変化させられるため、広い運転領域に応じて適正なバルブタイミングとリフトでの運転が実現できます。

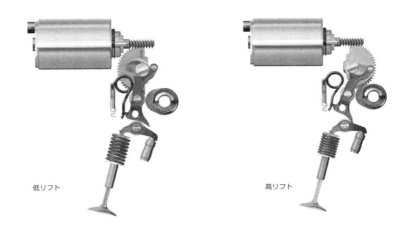

低リフト　　　　　　　　　　　高リフト

図4.16　BMW: Valvetronic [4-12]

　また、絞り弁の開閉動作ではなく、バルブの動作によって低負荷から高負荷までの吸気量コントロールが可能であるため、スロットルレス運転によるポンプ損失低減も可能です。この方式は、シリンダヘッド周りが複雑になる傾向があり、コストと効果を勘案して採用されています。

4−5　ガソリン筒内直接噴射

(1) 直噴成層リーンバーン

　エンジンの熱効率を向上させる手段の一つに、リーンバーンが挙げられます。しかし、予混合条件で希薄化していくと、燃焼が不安定になりやがて失火します。そのため、十分なリーン条件での運転は容易ではありません。

　そこで、筒内直噴技術を利用した成層リーンバーンエンジンが登場しました[4-13]〜[4-15]。筒内燃料直噴によって、燃焼室内の点火プラグ近傍に空燃比が低くて点火と火炎形成に適した濃いめの混合気を形成し、そのほかの場所には非常にリーンな混合気を準備します(図4.17)。これによって、空燃比40以上の希薄燃焼運転が可能になりました。

　しかし、濃度が不均一な混合気が存在するため、高温域で窒素酸化物(NO_x)が発生したり、過濃域で微粒子が発生したり、希薄域で不完全燃焼により未燃炭化水素(HC)や一酸化炭素(CO)が発生する課題がありました。加えて、希薄条件では三元触媒システムでNO_xを浄化できないため、高コストで浄化効率の低いリーン

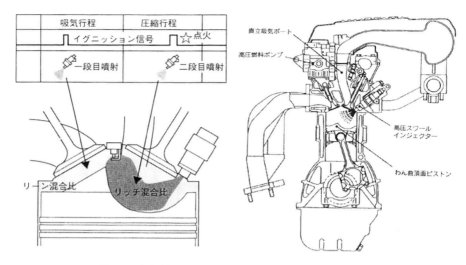

図4.17　直噴成層リーンバーン行う三菱GDIエンジン [4-13] [4-15]

NOx触媒などを備える必要がありました。排ガス規制の強化も相まって、この方式を採用するエンジンは市場から撤退していきました。排気後処理を低コストで実現する技術が確立されれば、再び注目される可能性がある方式だと考えられます。

（2）ストイキ直噴エンジン

　直噴成層リーンバーンエンジンは、NOx対策とコストが課題となり、現時点では普及していません。それに代わって、現在広く実用化されているのが、ストイキ直噴エンジンです。これは、燃料はシリンダ内に直接噴射しますが、あくまでも理論空燃比で運転するものです。理論空燃比運転を行うことで、三元触媒システムが使用可能になります。リーンバーンを行わない直噴方式は、本来のリーンバーンによるメリットを活用できませんが、従来のポート噴射方式に比べて、以下のようなメリットが存在します。

① 理論空燃比運転のため、三元触媒システムが使用できる (5-2-2参照)
② シリンダ内に燃料を噴射して気化させるため、ガソリンの気化熱がシリンダ内ガスの温度を有効に低下させる。そのため、吸気冷却効果によって充填効率、耐ノック性が向上するため、その分だけトルクと燃費が向上する

図4.18　直噴ガソリンエンジン（写真提供：ボッシュ）[(4-16)]

③　噴射時期変化、多段噴射等、噴射の自由度があるため、
　　(a) 弱成層化による低温時安定性向上、触媒暖気性能向上
　　(b) 多段噴射による壁面燃料付着防止
　など、運転条件に応じて適正な混合気を準備できる

　ストイキ直噴エンジンにより上記のメリットが得られますが、シリンダ内に直接燃料を噴射して混合気を形成するため、通常のポート噴射方式に比べて燃料の気化混合に許される時間が短くなります。そのため、微粒子の発生、デポジットの発生などが課題になります。排ガス規制の強化に伴い、排出される微粒子の個数の規制などが導入され、それらへの対策のためにさらなるコスト増につながるため、それらの課題への対応を続けながら改良が進むものと考えられます。

4－6　高膨張比エンジン

　圧縮比＝膨張比を前提にした場合、圧縮比を増大させると理論熱効率が向上します。しかし、高圧縮比化によりノッキングなどの異常燃焼が発生するため、点火時期を遅角することになります。点火時期を遅角して遅延燃焼をさせると、膨張行程での仕事が取れなくなり、結局はトルクと熱効率が低下します。

　圧縮比よりも膨張比が高いエンジンを、高膨張比エンジンといいます。高膨張比エンジンはアトキンソンサイクルあるいはミラーサイクルと呼ばれています。

(1) アトキンソンサイクル

アトキンソンサイクルはJames Atkinsonによって考案されたサイクルで、副リンク機構を用いてピストンの停止位置を変化させることで、幾何学的に圧縮比＜膨張比を実現するエンジンです。

ホンダが、家庭用ガスコージェネレーションエンジン用に実用化したアトキンソンサイクルEXLink[4-17]〜[4-18]の概要を図4.19に示します。

クランク軸とは別に設けた偏心軸によってトリゴナルリンクを上下に移動させることで、下死点の位置を膨張下死点と吸気下死点とで変化させています。

アトキンソンサイクルよって、圧縮比はノッキングしない程度にしつつ、十分な膨張行程を確保して、その分仕事を取り出すことができます。つまり、図示熱効率が向上します。アトキンソンサイクルを実現するためには、複雑なリンク機構が必要なため、コスト増加、運動部品の重量増加（慣性重量の増加）、フリクションロスの増加などが懸念されます。EXLinkでは、図4.20に示すように、膨張行程時のコンロッドの傾きが小さくなるため、エンジンでの大きなフリクション源であるコン

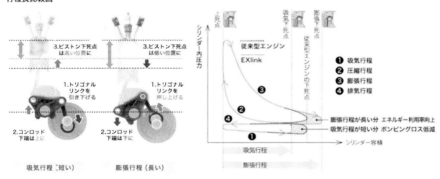

図4.19　ホンダの家庭用ガスコージェネレーションエンジン用アトキンソンサイクルEXLink

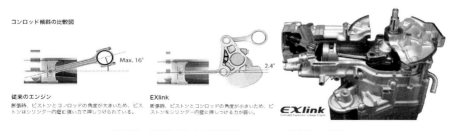

図4.20　EXLinkによる膨張時のコンロッド傾きの低減

ロッドが傾くことで生じるピストンがシリンダに押し付けられる力（サイドフォース）を大幅に低減し、全体のフリクションロスの増加を防いでいます。

（2）ミラーサイクル

ミラーサイクルは、アトキンソンサイクルで説明したようなリンク機構を用いずに、高膨張比サイクルを実現する方法として、R．H．Millerによって考案されたサイクルです。

具体的には、幾何学的な圧縮比と膨張比は変更せずに、吸気バルブを閉じるタイミングを変化させることで、「有効圧縮比」を低下させ、高膨張比サイクルを実現します。可変動弁機構が使用できる現在の自動車用エンジンでは、ミラーサイクルを行うことが容易になったため、多くのエンジンで採用されています。

ミラーサイクルの実現方法には、大きく分けて吸気バルブを早く閉じる吸気早閉じミラーサイクルと、吸気遅閉じミラーサイクルとがあります。

① 吸気早閉じミラーサイクル

吸気早閉じミラーサイクルのバルブタイミングと、動作サイクルを図4.21に示します。通常、吸気バルブは吸気の下死点以降に閉じますが、吸気早閉じミラーサイクルでは、吸気バルブを吸気行程の途中（点b）で閉じます。吸気を早く閉じるため、絞り弁を開いていても多くの新気は入りません。そのため、低負荷でのポンプ損失の低減効果もあります。

点bから下死点までの間は、吸気バルブが閉じた状態でピストンが下降するため、点cまで圧力が低下します。その後、圧縮行程に移りますが、点bまでは負圧を利用して圧力をもとの状態に回復する段階のため、有効な圧縮は点b以降に行われます。よって、点bから点dまでの間が、有効な圧縮になります。

$$有効圧縮比 \varepsilon = \frac{V_b}{V_2} \tag{4.5}$$

有効圧縮比が低くなるため、幾何学的な圧縮比を高めに設計していたとしても、圧縮後の圧力と温度は低くなり、ノッキングなどの異常燃焼が起こりにくくなります。膨張行程では、通常通り下死点まで膨張※させます。そのため、膨張比 ε_e は次のようになります。

$$膨張比 \varepsilon_e = \frac{V_1}{V_2} \tag{4.6}$$

よって、

※3-2で説明した通り、実際のエンジンでは下死点ではなく、下死点付近まで膨張させる。

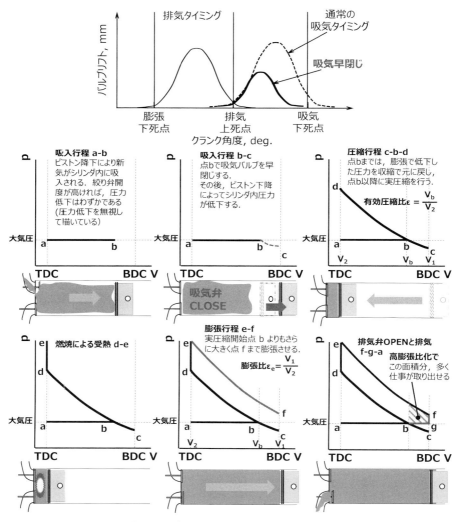

図4.21 吸気早閉じミラーサイクルの動作原理

$$\text{圧縮比}\varepsilon < \text{膨張比}\varepsilon_e$$

の高膨張比サイクルが実現され、図4.21の右下の$p\text{-}V$線図のハッチングで示す面積分だけ、仕事を多く取り出すことができます。

② 吸気遅閉じミラーサイクル

　吸気遅閉じミラーサイクルのバルブタイミングと動作サイクルを、図4.22に示します。吸気遅閉じミラーサイクルでは、吸気下死点以降、圧縮行程の途中（点c）までは吸気バルブを開けたままにします。そのため、吸気行程で吸入した新気の一部は、点cまでの分はそのまま吸気管に戻されます。新気を多く吸いすぎても、点bから点cの間で戻せるため、その分スロットルバルブを開けておくことができます。その結果、吸気遅閉じの場合も、ポンプ損失が低減します。

　その後、点cで吸気バルブが閉じて、そこから有効圧縮が行われます。よって、吸気早閉じミラーサイクルの場合と同じで、点cから点dまでの間が、有効な圧縮になります。

$$\text{有効圧縮比}\varepsilon = \frac{V_b}{V_2} \qquad (4.7)$$

　膨張行程では、通常通り下死点まで膨張させます。そのため、膨張比は次のようになります。

$$\text{膨張比}\varepsilon_e = \frac{V_1}{V_2} \qquad (4.6)$$

　よって、吸気遅閉じの場合も

$$\text{圧縮比}\varepsilon < \text{膨張比}\varepsilon_e$$

となり、高膨張比サイクルが実現されます。

　ミラーサイクル化すると、有効な排気量が低下するため、同一エンジンサイズでの出力（比出力）が低下します。そのため、過給により高負荷したり[4-21]、ハイブリッド車専用エンジンとして利用されることも有効です。

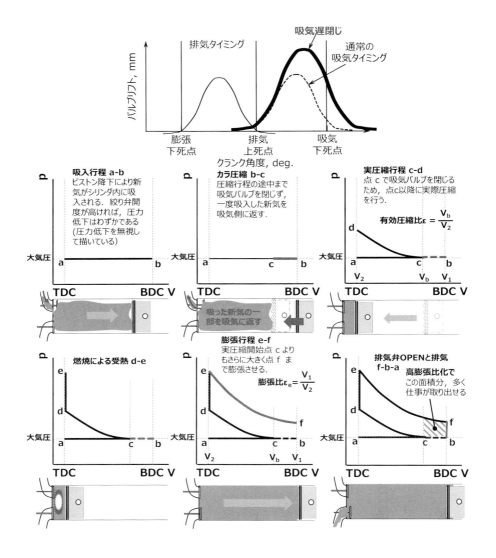

図4.22　吸気遅閉じミラーサイクルの動作原理

4−7　可変圧縮比エンジン

　熱効率を向上させるためには、高圧縮比での運転が有効です。しかし、ノッキングなどの異常燃焼が発生するため、十分な高圧縮比下での運転が困難になります。しかし、ノッキングが起きやすい運転領域は限られます。第6章で詳しく説明しますが、ノッキングは、主に低速高負荷時および高速高負荷時などの限られた条件で特に発生しやすい現象です。つまり、エンジン回転速度と負荷（トルク）に応じて、ノッキングの起きやすさが異なるため、最適な圧縮比も違います。圧縮比が固定のエンジンでは、最も厳しい条件に合わせて圧縮比を決めなければならないため、本来はもっと高圧縮比で運転可能な領域でも、低めの圧縮比で運転することになってしまいます。つまり、回転速度と負荷に応じて、圧縮比を可変化する技術が有効になります。

　これまでに、様々な可変圧縮比機構が研究されてきました。例えば、「シリンダとシリンダヘッドを上下させる」、「リンク機構を用いて上死点位置を変化させる」「コンロッドの大端部と小端部のピン中心位置を変化させる」などです。

　図4.23に、日産自動車で開発された、可変圧縮比[4-21]-[4-23]（VCR：Variable Compression Ratio）エンジン（MR20DDT）の仕組みを示します。ホンダのアトキンソンサイクルEXLinkと同様に、Multi-linkを傾斜させることで上死点位置を変化させ、圧縮

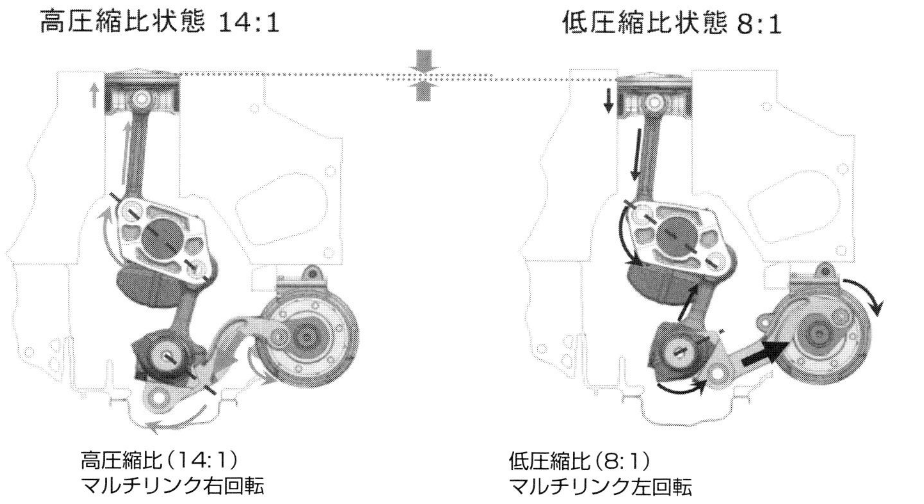

高圧縮比状態 14：1　　　　　　　低圧縮比状態 8：1

高圧縮比（14：1）　　　　　　　低圧縮比（8：1）
マルチリンク右回転　　　　　　　マルチリンク左回転

図4.23　可変圧縮比の原理 [4-22]

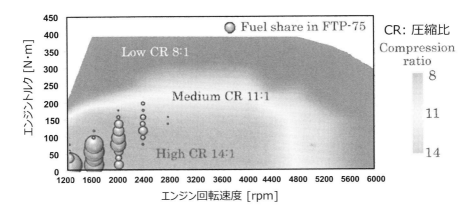

図4.24 可変圧縮比による運転領域 (4-23)

比を可変化させています。このリンクは、電動アクチュエーターでコントロールし、圧縮比8から14まで連続的に変化させることが可能です。

図4.24に示すように、運転領域に応じて最適な圧縮比を選択して運転可能になります。また、圧縮比化変化の効果に加え、以下のメリットがあります。

- **コンロッドの傾きが小さくなることによってピストンサイドフォースが低減し、フリクションロス低減に寄与する。ピストン運動が単振動になることで、二次バランサが不要になる。**

- **局所ピストンスピード変化により燃焼安定性が向上する**

以上のように、単に圧縮比を可変化させるだけでなく、フリクション低減、燃焼安定性向上、振動低減など、複数のメリットを生み出すことで、量産エンジンとして登場したエンジンだといえます。

■参考文献■

- (4-1) 村中重夫編著：自動車用ガソリンエンジン，養賢堂（2011）
- (4-2) 自動車技術ハンドブック，基礎・理論編（2015）
- (4-3) 山川正尚，森永真一，石野勅雄：効率のカギを握る圧縮比，自動車技術，Vol. 66, No. 4（2012）
- (4-4) 山内孝ほか：高圧縮比高効率ガソリンエンジン，第9回新機械振興賞受賞者業績概要，機械振興協会（2012）
- (4-5) 飯田訓正：SIP「革新的燃焼技術」ガソリン燃焼チームの研究状況―高効率ガソリンエンジンのためのスーパーリーンバーン研究開発―，自動車技術，Vol. 70, No. 9（2016）
- (4-6) 田岸龍太郎，池谷健一郎，高沢正信，山田健人：ガソリンエンジンの正味熱効率45％達成技術，Honda R&D Technical Review，Vol. 27, No. 2（2015）
- (4-7) 友田晃利：トヨタにおけるガソリンエンジン燃焼開発の取り組みと今後の展望，日本燃焼学会誌，Vol. 60, No. 191（2018）
- (4-8) 安藤章作：新型VR30DDTTエンジンの先進技術，自動車技術，Vol. 70, No. 9（2016）
- (4-9) Hondaテクノロジー図鑑：https://www.honda.co.jp/tech/auto/vtec/
- (4-10) 西澤一俊，堀江薫，三浦啓二，荻原秀実，田中力，山田範之：VTEC‐Eリーンバーンエンジンの開発，Honda R&D Technical Review，Vol. 4（1992）
- (4-11) 野口勝三，藤原幹夫，瀬川誠，澤村和同，鈴木茂：V6 i-VTEC可変シリンダシステムエンジンの開発，Honda R&D Technical Review，Vol. 16, No. 1（2004）
- (4-12) 飯塚昭三著：ガソリンエンジンの高効率化　低燃費・クリーン技術の考察，グランプリ出版（2012）
- (4-13) 安東弘光：GDIエンジンの燃焼制御技術―混合の自由が意味するもの―，三菱自動車テクニカルレビュー，No. 10（1998）
- (4-14) 桑原一成：ガソリンエンジンの開発を支えた筒内現象診断技術：三菱自動車テクニカルレビュー，No. 10（1998）
- (4-15) 海野英雄，矢澤滋夫，椎野始郎，田中文義，吉名隆：環境保全のための自動車技術，三菱自動車テクニカルレビュー，No. 10（1998）
- (4-16) ボッシュ株式会社プレスリリース：http://www.bosch.co.jp/press/rbjp-1311-05/
- (4-17) Hondaテクノロジー図鑑：https://www.honda.co.jp/tech/power/exlink/
- (4-18) 渡邉生，河野昌平，倉田眞秀，古賀響：汎用高膨張比エンジンの研究 － 複リンク機構の理論と熱効率の向上 －，Honda R&D Technical Review，Vol. 18, No. 1（2006）
- (4-19) 古賀響，渡邉生：汎用高膨張比エンジンの研究第二報－熱発生と正味性能－，Honda R&D Technical Review，Vol. 19, No. 1（2007）
- (4-20) 畑村耕一，後藤剛，調枝昌博，清水弘志，阿部宏司：ミラーサイクルガソリンエンジンの開発－吸気弁遅閉じとリショルムコンプレッサを使ったミラーサイクルエンジン－，自動車技術開春季学術講演会予稿集，（1993）
- (4-21) 田中儀明，日吉亮介，竹村信一，池田良則，菅原済文：複リンク式VCRエンジンの圧縮比可変制御機構に関する研究，自動車技術会論文集，Vol. 38, No. 6, p.29-34（2007）
- (4-22) 茂木克也：自動車用量産可変圧縮比エンジンVC-Tの開発，日本機械学会エンジンシステム部門 基礎教育講習会－エンジン技術の基礎と応用（その31），テキスト（2018）
- (4-23) 松岡一哉，木賀新一，小島周二，茂木克也，高橋英二，世界初可変圧縮比エンジン 新型KR20DDET"VCターボ"の開発，日産技報Vol. 82, p.53-61（2018）

第5章　有害排出ガスのクリーン化

5－1　有害排出ガスの基本特性

5－1－1　排ガス規制

　自動車の排気による環境汚染の深刻化を受けて、1960年代にアメリカで排ガス規制が導入され、年々強化されてきました[5-1][5-2]。現在のエンジンシステムでは、エンジン暖気時にテールパイプから排出される規制物質の量が大気に含まれる割合以下になるものも多くあります。つまり、自動車の排気のクリーン化は大気レベルを実現するまで来ました[5-3]。しかし、排ガスを測定する際の走行パターン（走行モード）や試験条件が、必ずしも各国の実用上の使用領域をカバーしているとは限らないことや、一部の車種で排ガス規制認証時の不正なエンジン制御プログラムの使用が発覚するなど、規制値が真に意味を成すための改善が必要になっています。

　現在、世界統一の走行モードWLTP(World Harmonized Light Vehicles Test Procedure)の導入が進められています（日本では2016年10月から導入が始まっています）。さらに欧州では、車載式排ガス計測システムPEMS(Portable Emissions Measurement System)を用いて公道実走行条件での排ガス計測を行うRDE(Real Driving Emission)が導入されます。このような背景から、自動車のパワートレインは、これまで以上の広い運転条件で排ガスをクリーンにしつつ燃費性能を向上する、より高難度な研究開発が求められているといえます。このような背景が起爆剤となり、高効率化と排気のクリーン化を両立できる、新たな技術が生まれることが期待されます。

　表5.1に、日本、米国カリフォルニア州、欧州の排ガス規制値を示します。主な規制成分は、THC(Total Hydrocarbon：未燃炭化水素)、CO(Carbon Monoxcide：一酸化炭素)、NO_x(Nitrogen Oxcides：窒素酸化物)、PM(Particulate Matter：粒子状物質)などです。

　HCとNO_xは、紫外線で光化学反応を起こして光化学オキシダントや光化学ス

表5.1 日・米・欧の排ガス規制値

	日本		米・カリフォルニア	欧州
	ポスト新長期	新規制 WLTP（2017）	LEV Ⅲ （SULEVの場合）	EURO 6
走行モード	JC08	WLTP	FTP（LA#4）	NEDC
単位	g/km	g/km	g/mile	g/km
THC	—			0.10
NMHC	0.050			0.068
NMOG	—	規制値はポスト新長期と同じだが、走行モードが異なる	0.020	—
CO	1.15		1.00	1.00
NO_x	0.05		—	0.06
PM	0.005[*1]		0.01	0.0045[*2]
PN	—		—	6.0×10^{11} 個/km

*1 ガソリン直噴リーンバーンエンジン車に適用
*2 ガソリン直噴エンジン車に適用

モッグの原因になります。HCを構成する様々な炭化水素のうち、メタン（CH_4）は光化学反応を起こしにくいことから、メタン以外の炭化水素を規制することが有効です。そのため、THCの代わりにNMHC（非メタン炭化水素：Non-Methane Hydrocarbon）で規制する場合もあります。カリフォルニア州では、NMHCに含酸素炭化水素化合物を含めたNMOG（Non-Methane Organic Gases）で規制されています。

5－1－2　HC、CO、NOxの基本特性

図5.1に、当量比に対するCO、HC、NO_x 排出濃度を模式的に示します。破線で示す空燃比が理論空燃比なので、破線より左側が希薄（リーン）、右側が過濃（リッチ）です。リッチ領域では空気が不足するため、HCとCOが増大します。リーン条件では、

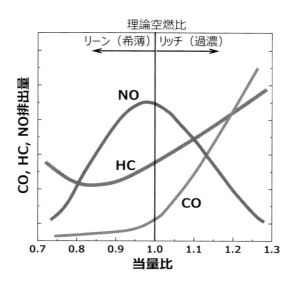

図5.1 当量比に対するHC、CO、NO_xの排出特性

空気が十分に供給されるため、HC、COが低下します。ただし、過度に希薄化するとHCが増大します。これは、希薄化により燃焼温度が低下するなどの理由で燃料の酸化が適切に進まなくなるためです。NO_xは、理論空燃比付近（ややリーン側）で最大値を示し、それよりもリーン側、リッチ側ともに排出量が低減します。これは、NO_xは主に高温な燃焼ガス中で生成されるためです[5-1]。

（1）COの生成

一酸化炭素COが二酸化炭素CO_2に十分に酸化されない条件で、CO排出量が増加します。COは主に次のような条件で発生しやすくなります。

①リッチ条件の時：酸素の絶対量が不足するため、COが排出される
②加速時など、燃料噴射増量をする場合
③燃焼室内局所に濃い混合気が形成されているとき
④反応が凍結するとき

COは、酸素不足で発生しますので、①〜③のような条件で生成されます。④については、COの酸化を支配する反応は次の反応といわれ、この反応が遅いことが

知られています。

  CO + OH → CO₂ + H

この反応は、1500 K程度以上でないと十分な速度で進行しないため、燃焼温度が低い状況では、リーンであってもCOは排出されます。つまり、過度のリーン化によって燃焼温度が低下しすぎると、COの酸化反応が十分に進まなくなり、COが増大します。低温燃焼や、膨張行程で温度が低下する状況になると、COの酸化がそれ以上進まなくなり、反応が止まってCOが排出されます。このことを、反応凍結によるバルククエンチといいます。

（2）HCの生成

図5.1で示した通り、HCは十分に空気が供給されている希薄側でも排出されます。さらに希薄化すると、反応が進まなくなって排出量が増大します。十分に空気がある条件でもそれなりの量のHCが排出される原因として、特有のHC排出メカニズムがあります[5-1]。

図5.2に、HCの排出経路を大まかに示します。ここで示されている数値は一例を示しているにすぎませんので、全てのエンジンに共通のものではありません。

通常、エンジンに供給された燃料の90％以上はそのまま燃焼室内で燃焼します。一方で、10％程度の燃料は、この後で示す「未燃HC排出メカニズム」を辿ります。「未燃HC排出メカニズム」の経路に行ったHCのうちの多くは、結局はその途中過程で燃焼します。その結果、1〜2％程度（普遍的な数値ではありません。エンジンの使用や運転状況によって変化します）のHCがエンジンの排気ポートから排出されます。これらをエンジンアウトエミッションといいます。その後、触媒で浄

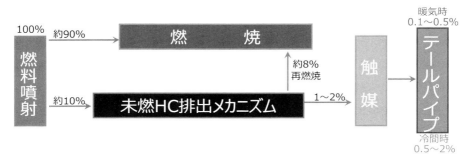

図5.2　テールパイプからの未燃HC排出の基本メカニズム

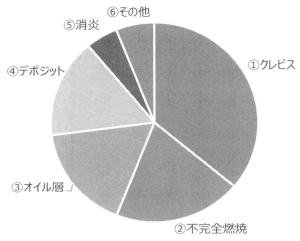

図5.3　HCの排出要因

化されて大気に放出されます。触媒は、適正な温度に暖気されていない場合、十分な浄化効率は期待できません。そのため、触媒を通ってテールパイプから排出されるHCの量は、冷間時と暖気時では大きく異なります。

燃焼室内で生じる未燃HCメカニズムには、図5.3に模式的に示すように次のものがあります。

① クレビスへの逃げ込み
② 不完全燃焼
③ 燃焼室壁のオイル層に吸着される
④ 燃焼室堆積物（デポジット）に吸着される
⑤ シリンダ壁近傍の消炎層で消炎する
⑥ 排気バルブからの漏れ
⑦ バルブオーバーラップ時の吹き抜け

燃焼室内には、第1ピストンリングより上のピストントップランドとシリンダの隙間、ピストンリングの合口隙間、ガスケット部、スパークプラグ、バルブの傘部などの隙間が存在します。図5.4に示すように、圧縮行程では燃焼室内のありとあらゆる隙間に混合気が押し込まれます。物体表面付近の消炎層内にある燃料は燃

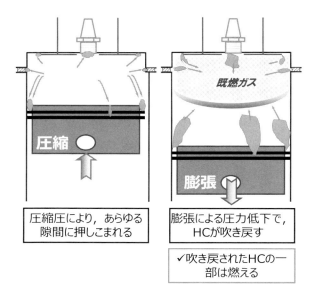

図5.4　クレビスに逃げ込んだHCの排出

焼を免れます。

　その後、膨張行程の後半には、クレビス内の圧力よりも燃焼室内の圧力が低くなるため、クレビス等に押し込まれた混合気が燃焼室中に噴出します。その時点でもシリンダ内は高温のため、クレビスから噴出したHCの多くは酸化されます（その過程でCOが発生します）。それらのプロセスで燃えなかったHCが、エンジンから排出されます。

　希薄条件や、EGR（排ガス再循環）を与えた条件では、燃焼緩慢化および燃焼温度の低下が起こるため、HCの酸化がさらに進みにくくなり、HC排出量が増大します。過度な希薄化や過度なEGRは、部分燃焼（燃焼室内の一部の混合気が燃焼しない状態で燃焼が停止する現象）や失火を招き、HCの排出量が急激に増加します。

（3）NO_xの生成

　窒素酸化物（NO_x）の排出機構は以下のように大別できます。

　①サーマルNO：高温な燃焼ガス中で生成されるNO。レシプロエンジンからのNO_x排出のほとんどを占める

②プロンプトNO：火炎帯で急速に生成するNO
③フューエルNO：分子内に窒素原子を含む燃料を燃焼させることで生じるNO

フューエルNOは、ガソリン、軽油などのNを含まない燃料では発生しません。また、エンジンから排出するNO_xのほとんどはサーマルNOによるものです。そのため、サーマルNOの対策が重要になります。

サーマルNOの発生メカニズムは、以下に示す拡大ゼルドビッチ機構によって説明されています。

<拡大ゼルドビッチ機構>

$N_2 + O = \mathbf{NO} + N$ (1)

$N + O_2 = \mathbf{NO} + O$ (2)

$N + OH = \mathbf{NO} + H$ (3)

(1)の反応が起こることで(2)と(3)の反応も起こります。この中で(1)の反応の活性化エネルギーが高いことが特徴です。活性化エネルギーとは、反応を起こすために必要な敷居エネルギーのことを指します。活性化エネルギーが大きい反応ほど、反応が進行しにくいため、「高温でないと反応しない」、「生成物の生成速度が遅い」という特徴があります。

(1)の反応は、三重結合をもった窒素分子$N \equiv N$の結合を切らなければならないため、高温でないと反応が起こりません（活性化エネルギーが大きい）。そのため、この反応をサーマルNOと呼びます。サーマルNOは、高温な場で徐々に生成されるため、ガソリンエンジンでは火炎面後流の高温滞留領域で生成量が増加していきます。

サーマルNOを減らすには、燃焼室内に高温な領域を作らないことが重要です。そのため、予混合燃焼で希薄化することや、EGRを入れて燃焼温度を低下させることなどが有効です。

（4）PMの生成

粒子状物質（PM：Particulate Matter）は、次に示す通り様々な成分から構成されます（図5.5）。

PM ＝ すす（Soot）＋可溶性有機成分（SOF）＋ 硫黄分（Sulfur）・・・・・・

①すす

すす（黒煙）は、炭素分が多い微粒子が集まって塊になっているものであり、従来そのほとんどはディーゼルエンジンからの排出が問題視されていました。ディーゼルエンジンでは、微粒子対策としてDPF（Diesel Particulate Filter）を用いるようになって、大幅に低減されてきました。

一方で、ガソリンエンジンでは、ガソリン直噴エンジンが広く用いられるようになったことで、これらから微粒子が発生することも問題になっています。そのためガソリン直噴エンジンから排出されるPMの規制

図5.5　PMの成分

が行われています。従来の排出重量規制のほか、欧州では排出個数PN（Particulate Number）の規制がなされています。これは、揮発性の高いガソリンを用いることに加えて、燃料噴射の高圧化などによって排出されるPMのサイズが小さくなることで、排出される重量は低くても、人体に有害なナノ粒子の個数が増える懸念があるためです。ガソリン直噴エンジンから排出されるPMを捕集して酸化・除去するためのGPF（Gasoline Particulate Filter）も実用化しています（図5.6）[5-7]。

②可溶性有機成分（SOF）

SOFは、有機溶剤に溶ける微粒子成分を指し、主に潤滑油成分や未燃燃料成分低負荷時や低温時などの燃焼温度が低い条件での排出量が特に問題になります。ディーゼルエンジンでは、酸化触媒付きのDPFによってその浄化を図っています。

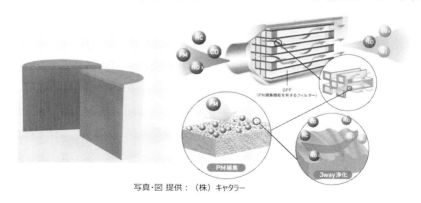

写真・図 提供：（株）キャタラー

図5.6　ガソリンパティキュレートフィルター（GPF）[5-7]

5-2　排ガスのクリーン化手法

5-2-1　燃焼によるクリーン化

(1) PMとNOx生成のφ－Tマップ[5-4][5-5]

　図5.7に、PMとNOx生成のφ－Tマップ[5-4][5-5]を模式的に示します。横軸が局所の温度、縦軸が局所の当量比です。

　図中のNOxの領域に示すように、NOx(サーマルNO)は高温領域で生成されるため、当量比1.0前後の領域で多く生成されます。

　一方でPMは、低温かつ過濃領域で生成され、大まかには当量比2.0以上の領域で生成されます。ディーゼルエンジンは、燃料噴霧による拡散燃焼で燃焼が行われるため、噴霧火炎内の局所で見ると、NOが発生しやすい高温領域とPMが発生しやすい低温過濃領域の双方が存在します。そのため、図中にブーメラン状で示される領域のようにφ－Tマップ上の広い範囲をとることになり、NOxとPMの双方が排出されることが課題です。NOxを減らすには低温燃焼化、PMを減らすには高温場でPMを十分酸化させることが必要なため、両者の対策は背反関係(トレードオフ関係)にあることが対策の難しさをもたらします。

　ガソリンエンジンに代表される火花点火機関(SI機関)では、通常は当量比1.0の

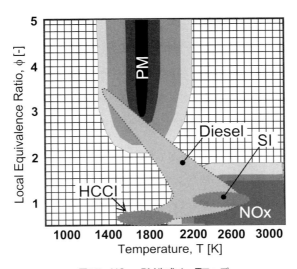

図5.7　NOx、PM生成φ－Tマップ

予混合燃焼を行うため、図中にSIの領域で示す高温予混合域をとり、NOが多量に生成されます。しかし、理論空燃比で運転するガソリンエンジンでは、三元触媒によってそのほとんどを浄化することができます(5-2-2参照)。

予混合圧縮着火(HCCI)と呼ばれる燃焼方式は(詳細は第7章を参照)、希薄で低温な予混合燃焼を行うため、NO_xとPMが排出されない領域での運転が可能になり、エンジンアウトでのNO_xとPMの同時低減が可能になります。

つまり、以下のことがいえます。

① NO_xを減らす方法

サーマルNOを減らすことが重要なため、低温燃焼が有効です。そのため、「希薄燃焼」、「EGR」などの対策が行われます。ただし、希薄燃焼を行うと、後に示す三元触媒が使用できなくなることが課題になります。

② PMを減らす方法

予混合燃焼化が有効です。ガソリン直噴エンジンでは、噴霧の不均一化、ピストンなどの表面への燃料付着による液膜形成、シリンダ壁への燃料付着などによってPMが発生するため、それらを防ぐために、低貫徹力の噴霧、多段噴射、ガス流動と噴霧のマッチングなどを図ってPM生成を防いでいます。

ディーゼルエンジンにおいても、なるべく予混合状態で着火・燃焼をさせることを意図して、燃焼の予混合化を図っています。

5−2−2　後処理装置によるクリーン化

(1) 三元触媒

本来、理論空燃比で運転されるガソリンエンジンでは、燃料と酸素が互いに過不足なく反応し、全て二酸化炭素CO_2と水H_2Oになるはずです。しかし、一部はHC、CO、NO_xとなって排出されます。このとき、NO_xに含まれるOの量は、HCとCOをCO_2とH_2Oにするのに必要なOの量と同じはずです(理論空燃比運転のため)。

つまり、NO_xを還元してOを取り出し、そのOでHCとCOを酸化することで、それらの三成分を同時に浄化することができます。このような働きをする排気後処理装置が三元触媒システムです。

図5.8に、三元触媒システムを模式的に示します。また、図5.9に、空燃比に対す

る浄化率の特性を模式的に示します。リーン域では酸素が過剰に存在するためNOxの浄化率が低下します。リッチ域では、そもそもO₂が足りないので、HCとCOの浄化率が低下します。従って、ウィンドウと呼ばれる、理論空燃比付近の狭い範囲に空燃比を制御する必要があります。そのため、O₂センサで酸素濃度を検出し、噴射量を調整する空燃比フィードバック制御が行われています。リーンバーンエンジンでは、三元触媒の効果を利用できないため、別の方法でNOxを低減する必要

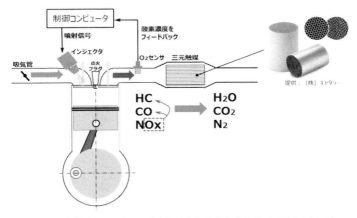

図5.8 空燃比フィードバック制御と三元触媒による排ガス浄化システム

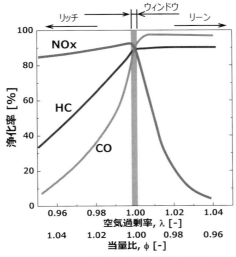

図5.9 三元触媒の浄化率と空燃比の関係

5−2 排ガスのクリーン化手法 89

があります。NO_xを一時的に吸着し、定期的にリッチ燃焼して浄化するNO_x吸蔵触媒などが実用化されています。コスト低減、浄化率向上、信頼性向上などの課題があるため、さらなる改良が期待されます。

(2) 触媒急速暖気の重要性

理論空燃比条件であれば、三元触媒でHC、CO、NO_xのほとんどを浄化できますが、これはあくまでも触媒が暖気された状態で実現されるものです。図5.10に、米国LA#4走行モードで走行した際の、エンジン始動後からのTHCとNO_xの排出

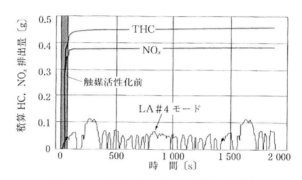

図5.10　モード走行時のTHCとNO_x排出挙動 [5-6]

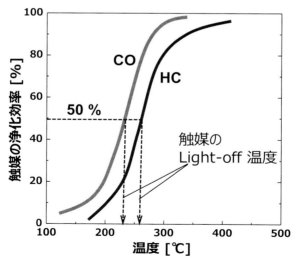

図5.11　温度に対する触媒の浄化率

積算量の推移を示します[5-6]。この図が示す通り、走行中に排出されるTHC、NOxのほとんどは、始動直後に排出されていることがわかります。これは、触媒が暖気されていないためです。もし、いわゆる"チョイ乗り"を繰り返すようなユーザーであれば、触媒が暖気されていない状態で走る頻度が高くなり、有害排出ガスの排出量が増えることになります。

図5.11に、触媒の浄化率の特性例を示します。触媒をある温度以上まで暖気することで浄化率が大きく向上します。浄化率が50％になる温度をLight-off Temperatureと呼びます。Light-off Temperatureが低い触媒ほど、低温から浄化率が高くなる触媒です。

触媒のLight-off Temperatureを低くすることも重要ですが、それ以前に、触媒の構造やエンジン側で触媒を急速暖気することが有効です。

触媒側では、触媒単体の薄肉化により熱容量を低下するなどして、昇温しやすくする工夫がなされています。エンジン側では、触媒をなるべく排気ポートに近い上流側にレイアウトしたり、排気マニホールドに保温性を持たせたりする構造的な対策に加え、点火時期を遅角して排気温度を上げる、直噴エンジンでは弱成層化で安定した点火遅角運転をするなどして、触媒を急速暖気しています。

現在のガソリンエンジンでは、10秒程度の短時間で触媒を暖気できる状況にあると思われます。

【コラム：触媒急速暖気の悩ましさ！？】

触媒を急速に暖気するために、触媒温度が上がりやすい構造が採用されています。しかし、触媒が過熱すると、劣化加速、機能低下をきたすデメリットがあります。

そのため、高速高負荷条件では触媒を保護するためにリッチ燃焼をするなどの対策が必定になる場合があります。

つまり、触媒の低温活性を向上しようとした結果、高速高負荷域での浄化性能と熱効率に課題が生じることになります。RDEの導入などに始まり、今後、エンジンが使用される極めて広い運転領域全域でクリーンな排気と高い熱効率を実現しようとすると、通常のガソリンエンジンでは、全域理論空燃比運転（$\lambda=1$運転）が求められることになり、新たな開発課題となっています。

■**参考文献**■

(5-1) J. B. Heywood: Internal Combustion Engine Fundamentals 2nd Edition, McGraw-Hill Education (2018)
(5-2) 株式会社堀場製作所自動車計測セグメント編著:新訂エンジンエミッション計測ハンドブック,養賢堂 (2013)
(5-3) 村中重夫編著:自動車用ガソリンエンジン,養賢堂 (2011)
(5-4) T. Kamimoto, and M. Bae: High Combustion Temperature for the Reduction of Particulate in Diesel Engines, SAE Paper 880423 (1988)
(5-5) K. Akihama, Y. Takatori, K. Inagaki, S. Sasaki, et al. : Mechanism of the Smokeless Rich Diesel Combustion by Reducing Temperature, SAE Paper 2001-01-0655 (2001)
(5-6) 自動車技術ハンドブック,基礎・理論編,自動車技術会 (2015)
(5-7) キャタラーWebサイト,http://www.cataler.co.jp

第6章　ガソリンエンジンの燃焼

6-1　ガソリンエンジンの正常燃焼

6-1-1　火炎伝播

　火花点火によって点火プラグの電極付近に形成された火炎は、混合気中を自立して伝播していきます。このような燃焼形態を、予混合火炎伝播燃焼と呼びます。予混合火炎は、層流予混合火炎と乱流予混合火炎に大別できます。層流予混合火炎の構造を図6.1に模式的に示します。高温酸化反応による活発な化学反応によって高温になった反応帯からの熱移動によって未燃部が加熱され、次々に燃焼に至ります。この加熱される区間を予熱帯と呼びます。つまり、層流予混合火炎の速度に対しては、既燃領域から未燃領域への熱移動が重要な役割を果たしています。

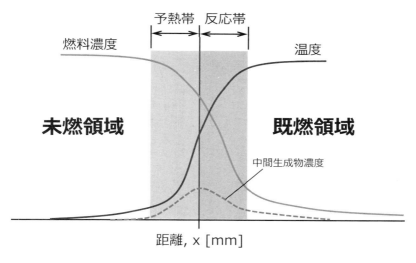

図6.1　一次元層流火炎の構造

表6.1に、各種燃料の層流燃焼速度を示します[6-1]。

炭化水素燃料の自着火特性は分子構造の影響を大きく受けますが、層流燃焼速度は分子構造の影響をあまり受けず、パラフィン系炭化水素であれば大体同じで数十cm/s程度です。

表6.1 各種燃料の層流燃焼速度

燃料	分類	化学式	燃焼速度[cm/s]
メタン	アルカン (パラフィン系炭化水素)	CH_4	43.4
エタン		C_2H_6	44.5
プロパン		C_3H_8	45.6
n-ブタン		C_4H_{10}	44.8
n-ペンタン		C_5H_{12}	42.7
n-ヘプタン		C_7H_{16}	42.2
水素	水素	H_2	170
アセチレン	アルキン (アセチレン系炭化水素)	C_2H_2	144
ジメチルエーテル	エーテル	CH_3OCH_3	48.0

燃焼速度の数値は、I. Glassman Combustion 3rd eddition より

6－1－2 エンジン内火炎伝播

（1）火炎伝播現象

層流で燃焼させると、高回転領域では燃焼期間が長すぎて燃焼が成立しません。

例えば単純に、ボアが80mmのガソリンエンジンで中心点火を行い、層流状態で火炎伝播速度50cm/sで真円状に火炎伝播したと仮定します。40mmの火炎伝播距離を進むのにかかる時間は、80msです。回転速度18000rpmの高速エンジンで、クランク角度30deg.程度で燃焼を完了させようとすると、0.3ms程度しか時間がありません。つまり、130m/s（1300cm/s）程度の火炎伝播速度が必要になります。

実際に、適正に点火時期がコントロールされたガソリンエンジンでは、低速から高速まで、クランク角度と燃焼期間の関係は大きくは変化しません。つまり、回転速度におおむね比例して、火炎伝播速度が増加します。これは、図6.2に示すように、火炎に乱れが生じて火炎面積が増大することで、単位時間で消費できる燃料の量が増えるためです。

図6.3に、素反応メカニズムに基づいて計算された、一次元層流火炎の構造を示します。

燃料と酸化剤は、理論空燃比のプロパン-空気予混合気です。エンジン燃焼室内を想定して、圧力2MPa、未燃ガス温度600Kで計算を行っています。反応が起こると、燃料が急激に消費されつつ、温度が上昇し、最終生成物である二酸化炭素

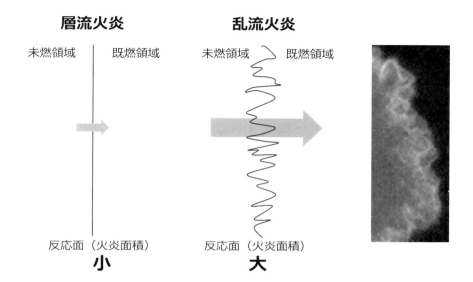

図6.2 層流火炎と乱流火炎のイメージ図

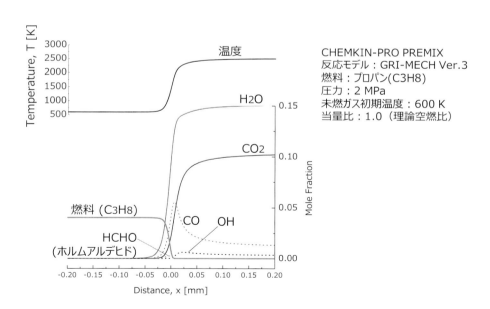

図6.3 一次元層流火炎の構造（CHEMKINによる数値解析結果）

6−1 ガソリンエンジンの正常燃焼　95

（CO_2）と水（H_2O）が生成します。その間に、ホルムアルデヒド（HCHO）、OHラジカル、一酸化炭素（CO）その他様々な中間生成物が生じます。

このとき、燃焼速度は反応帯から未燃部への熱移動の大きさで決まります。例えば、リーン化や排ガス再循環（EGR）を行うと火炎温度が低下しますので、未燃部への熱移動速度も低下します。その結果、火炎伝播速度が低下することになります。

（2）EGRが火炎伝播におよぼす影響

図6.4および図6.5に、EGR率が異なる2条件での火炎伝播写真を示します。EGRを与えた条件では、火炎伝播速度と火炎輝度が低くなっていることがわかります。ここで示した図6.5の条件では、火炎伝播が燃焼室内全域に到達する前に火炎伝播が消失しています。つまり、部分燃焼（Partial Burn）が発生しています。このような条件では、一酸化炭素（CO）および未燃炭化水素（HC）排出量の増大、燃焼効率低下による熱効率の低下が起こるため、運転が成立しない領域です。

一方で、多量のEGRを与えることで、ポンピングロスの低減、NO_xの低下などのメリットが期待できます。そのため、多量のEGRを与えた条件でも高速で火炎伝播して十分な等容度と燃焼効率が得られるように、点火の改善、筒内ガス流動による燃焼の改善が図られます。具体的には、点火エネルギーの増加、放電パターンの改良、電極形状の改良、高タンブルポートによるガス流動増加、マルチホールインジェクタの噴霧を利用したガス流動強化など、様々なアイディアが適用されています。

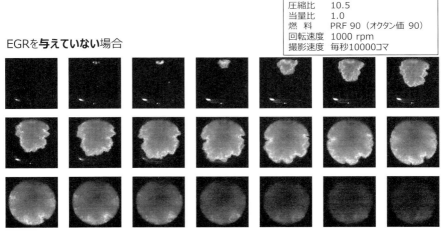

図6.4　EGRを与えていない条件での燃焼動画

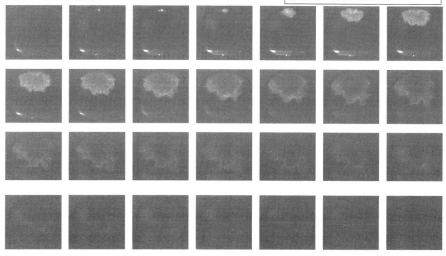

図6.5 EGRを与えた条件での燃焼動画

6-2 ガソリンエンジンの異常燃焼

6-2-1 ノッキングと異常燃焼

(1) ノッキングとは

一般に、ガソリンエンジンのノッキングは次のような現象を指します。

「**通常の火炎伝播燃焼中に、未燃ガス（エンドガス）が自着火し、その領域で局所的に圧力が高い領域（圧力の不均衡）を生じ、燃焼室内に圧力振動が発生する現象**」

ノッキングによって、次のような問題が発生します。①〜③の順に、より激しいノッキングが起こっていると考えられます。

① 騒音の発生
② 圧力振動によってピストン、シリンダなどの壁付近の温度境界層が破壊され、冷却損失が増大し熱効率が低下する
③ ピストンなどの機関部品の損傷が起こる

図6.6　ノッキング時、エンドガスが自着火する瞬間の燃焼

　図6.6に、2ストロークエンジンを用いてシリンダボア全域を可視化し撮影された、ノッキングが起こる瞬間の写真の一コマを示します。写真の下側に点火プラグがあり、下から上に向かって火炎伝播をしています。正常燃焼では、図6.4に示した様に点火プラグで形成された火炎伝播で燃焼室全域を燃焼させます。ノッキングが発生する場合、図中に破線で囲った領域のように、自着火が発生します。

（2）異常燃焼の分類

　ノッキングは、異常燃焼の一つの形態です。異常燃焼には、ノッキング以外の様々なものがあります。図6.7に、CRC（Courtesy Coordinating Research Council）による異常燃焼の分類を示します。

　この中で、火花ノックが最も一般的なノッキングです。火花ノックといわれる理由は、点火時期を遅角することで回避できるノッキングであるためです。火花ノック以外にも、火花放電以外の何らかの着火源から燃焼が開始してしまう表面着火や、それらに起因して音の発生や強いノッキングに至る現象など、様々なものが知られています。近年問題になっている、直噴過給エンジンにおける低速プレイグニッション（Low-Speed Pre-Ignition）で生じる極めて強いノッキング（Super-Knocking, Mega-Knocking）も、次に示すように、火花放電以外が起因になっていると考えられています。

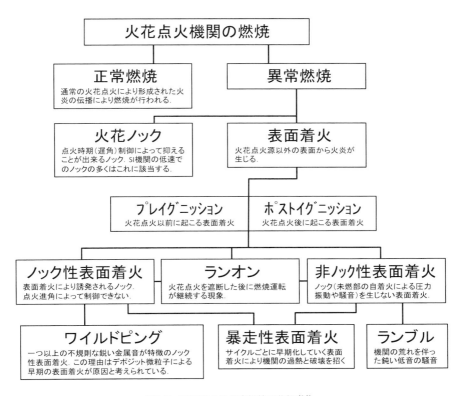

図6.7　CRCによる異常燃焼の分類 [6-2]

- 燃焼室内壁面等から飛散した油滴（ガソリンで希釈された潤滑油など）
- 燃焼室内に浮遊する固体粒子（飛散して浮遊するデポジットなど）
- 高温な点火プラグ電極
- 点火プラグポケット内での着火

本書では、火花ノックを単にノッキングと呼びます。

(3) ノッキング時の燃焼可視化

図6.8に、正常燃焼とノッキングの2つの条件での燃焼写真を示します。ノッキング時は、エンドガスで自着火が発生した後、急速に自着火が進行し短時間でエンドガスが燃焼します。この時、燃焼室内に強い圧力波が発生し、筒内を往来します。

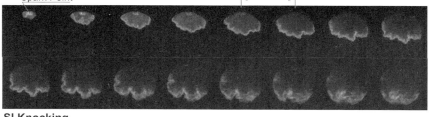

図6.8　正常燃焼とノッキング時の燃焼の高速写真

　その結果、ボア径、燃焼室形状、燃焼ガス中の音速などに応じた特定の周波数を基本とした圧力振動が発生します。この圧力振動は、エンジンの騒音や冷却損失の増加を招き、最悪の条件ではエンジンの破損に至ります。そのため、ノッキングを起こさないようなエンジン設計とエンジン制御が行われています。

（4）ノッキングの発生領域

　図6.9に、回転速度と負荷（トルク）で示した運転領域に、異常燃焼が発生しやすい領域を模式的に示します。ノッキングは、以下の条件で発生します。

> **火炎伝播が完了する前に、自着火が発生するため**

　つまり、火炎伝播と自着火の競合で決まります。
　一般に、回転速度を増加させると火炎伝播速度が増大し、より短い実時間で火炎伝播燃焼が完了します。そのため、回転速度を上げると自着火に必要な時間が確保されなくなり、ノッキングは収まる傾向にあります。
　図6.10に、異なる回転速度で測定された、燃焼室内圧力を示します[6-3]。回転速度1200 rpmでは、自着火によるよる急激な圧力上昇が認められます。しかし、回転速度を増加させることで、自着火が収まっていることがわかります。

　図6.9の中で、低速ノッキングと呼ばれる領域は、自着火を起こすのに必要な時間的な猶予があるため、火花ノックが発生しやすい領域です。この状態から回転速

度を上げると、ノッキングは収まる傾向にあります。しかし、さらに回転速度を上げると、再びノッキングが発生することがあります。この領域でのノッキングは、比較的高回転速度でのノッキングのため、「高速ノック」[6-4] [6-5] [6-6]などと呼ばれることがあります。

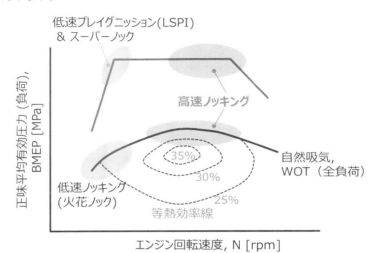

図6.9　ノッキングの発生領域 [6-6]

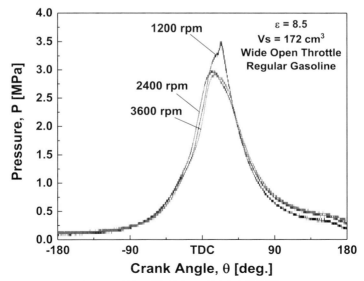

図6.10　異なる回転速度での筒内圧力波形 [6-3]

（5）ノッキング機構にまつわる3つの説

ノッキングなどの異常燃焼の存在は古くから知られていますが、そのメカニズムについては完全に解明されたとはいえません。ノッキングが起こる原因として、古くから次の3つの説が唱えられています。

①自着火説

ノッキングは、エンドガスの自着火（混合気が自発的に着火すること）によってもたらされるという説を自着火説といいます。すでに、1930年代にGM（General Motors）のLloyd WithrowとGerald M. Rassweilerらによって、可視化エンジンと高速度写真撮影を用いた実験により、エンドガスが自着火する様子がとらえられています[6-7]。その後の研究もそれを広く支持する結果であり[6-8][6-9]、多くの観測結果などから疑いようのない事実だといえます。この説によって、「エンドガスが自着火する前に火炎伝播を完了させればよい」という、ノック回避の基本的な方法論が説明されます。

つまり、自着火は、ノッキング現象を回避するうえで欠かせない重要な現象です。

②デトネーション（爆轟）説

デトネーションとは、衝撃波を伴いつつ超音速で進行する燃焼現象を指します。エンドガス中を衝撃波（Shock Wave）が進行し、衝撃波によって圧縮された混合気が瞬時に自着火し、エネルギーを放ち、衝撃波を維持します。つまり、衝撃波と自着火が相互作用しながら超音速で急激な燃焼を行う現象です。

Millerらによる毎秒20万コマの高速度撮影によって、超音速で進行する火炎の存在が指摘されています[6-10]。

③火炎加速説

自着火やデトネーションが発生しなくても、火炎伝播が加速することで圧力振動が発生するという説を火災加速説といいます。Curry[6-11]らは、燃焼室内の多点に埋め込んだ電極に電圧を印加しておき、イオン電流計測という手法で火炎の伝播特性を解析しました。その結果、エンドガス部で火炎が加速している様子が確認され、この説が唱えられました。軽いノッキングを起こす条件では、自着火やデトネーションが起こらなくても、圧力振動を引き起こすのではないかと考えられています。

以上の3つの説のうち、多くの観測事実からエンドガスで自着火が生じることが

確認されたため、自着火説は広く支持されています。しかし、他の2つの説が完全に否定されるものではありません。例えばデトネーション説は、エンドガスが自着火した後にデトネーションに遷移すると考えると、自着火説と矛盾するものではありません。

(6) ノッキングの予防法

ノッキングのメカニズムは、エンドガスで自着火が生じ、その自着火領域で強い圧力波が形成されることで生じると考えられます。そのため、以下の対策が基本になるといえます。

① 自着火を防ぐ
② 自着火時の局所圧力波形成を防ぐ

ノッキング回避の方法の例を表6.2にまとめます。

表6.2 ノッキング回避の考え方

原　理	基本対策		具体的な対策例
自着火させない	着火遅れを増大させる		・高オクタン価燃料 ・燃料添加剤 ・エンドガス冷却 ・EGR ・水噴射　　など
	燃焼期間を短期化する	火炎伝播速度を増大させる	・ガス流動強化 ・水素添加 ・燃料性状変更　など
		火炎伝播距離を短くする	・小ボア化 ・コンパクト燃焼室 ・中心点火 ・多点点火　　など
自着火した際に、局所で強い圧力波を形成させない	局所での大きな発熱を避ける		・リーン化 ・EGR ・水噴射 ・エンドガスに大きな温度分布を形成 ・自着火時期を上死点から遠ざけた膨張行程に移行させる ・プレイグニッションを防ぐ　　など

6-2　ガソリンエンジンの異常燃焼

(7) 高速ノッキングについて

　高速域で連続したノッキングが起こると、エンジンに致命的なダメージを与えるリスクがあります。そのため、高速高負荷条件では、点火時期を遅角したり、リッチ混合気になるように燃料を噴射し、燃料の気化熱などを利用して筒内を冷却してノックを回避する手段がとられます（Fuel Coolingなどと呼ばれます）。このような対策は、熱効率や排ガス性能の悪化を招くため、最適な手段とはいえません。

　近年、Real Driving Emission (RDE) をはじめとした実走行条件での高効率クリーン化を実現する技術が求められています。そのためには、高速高負荷域でのノッキングの回避や理論空燃比またはリーン運転が必要になると考えられます。

　図6.11に、4ストローク単気筒エンジンで測定された、1400 rpm、2700 rpm、4000 rpmでのノッキング時の指圧波形を示します[6-12]。この時、燃料にはオクタン価82.6のオクタン価標準燃料（オクタン価0のn-heptaneとオクタン価100のiso-octaneを混合して作成される燃料）を用いています。82.6という数字は、この一連の研究（SIP革進的燃焼技術）で想定していたレギュラーガソリンのモーターオクタン価です。左の図は横軸をクランク角度としており、右の図は横軸を実時間（点火時期付近である、上死点前40°の時期を0としたときの実時間）としています。クランク角度を基準にした場合、回転速度の増加とともに自着火時期が遅角していることがわかります（左の図）。しかし、実時間で見ると、回転速度が増加すると自着火ま

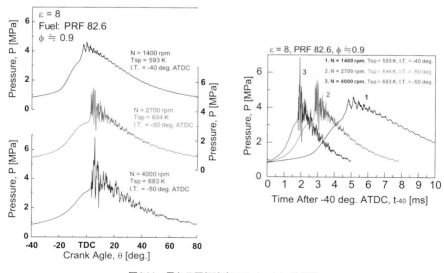

図6.11 異なる回転速度でのノッキング [6-12]

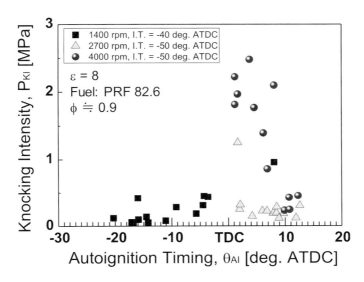

図6.12 異なる回転速度でのノッキングにおける、自着火時期とノッキング強度の関係 (6-12)

での時間が短期化していくことがわかります（右の図）。つまり、回転速度の増加によるピストンスピードの増加を、自着火までの時間遅れが短時間化する効果が上回ることで、高速域でもノッキングが起こると解釈できます。

図6.12に、自着火発生時のクランク角度 θ_{AI} と、ノッキング強度（ノッキングの圧力振動成分の最大振幅値）の関係を示します。一般に、自着火時期が進角化すると、ノッキング強度が増加する傾向にあります。特に、回転速度が高い4000 rpmの条件では、自着火時期が遅いにもかかわらず、非常に強いノッキングを起こしていることがわかります。このことから、高速域で発生するノッキングは、比較的強いノッキングに至りやすいと考えられ、このことがエンジンにダメージを与える影響が懸念されます。

以上のように、回転速度によって様々な強さのノッキングが起こっています。この時、燃焼室内でどのような現象が起こっているのかを調べるために、ノッキング運転が可能な可視化エンジンを用いて、エンドガスの自着火が成長する過程を高速度撮影した結果を示します(6-13)。実験に用いたエンジンの概略を図6.13に示します。

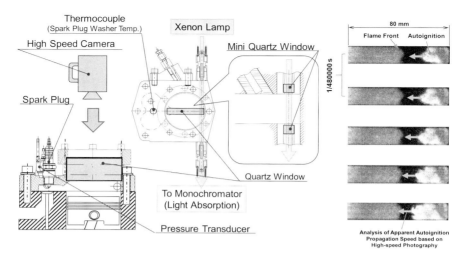

図6.13 エンドガス自着火の成長過程を解析可能な可視化エンジン

　後に示すように、計測の利便性を考えて、サイドバルブ方式のエンジンを用いています。

　エンジンのシリンダヘッドに石英観測窓を設け、図6.13の矩形に示す領域を可視化しています。撮影されたコマ送り写真の一例が、図6.13の右側に示されています。

　図の左側に配置された点火プラグで形成された伝播火炎が、矩形部を左から右に進行します。ノッキングを起こす条件では、燃焼室内の右端付近で自着火が起こり、その後自着火が左方向に成長していきます（ただし、毎サイクル必ずそうなる訳ではありません）。これにより、火炎伝播および自着火の進行を疑似的に一次元とみなし、火炎伝播速度、自着火の進行速度などの解析が可能になります。

　多くのケースで、燃焼室末端部（矩形領域の右側）で自着火が起こるため、その部位にキセノン光源からの光を透過させるための石英観測窓を設けています。次節で説明しますが、自着火が起こる前に、冷炎反応などの低温酸化反応が起こります。その際、ホルムアルデヒド（HCHO）などの中間生成物が生成されます。その後、HCHOは自着火発生時に消費されます。そのため、HCHOの紫外域での吸収波長の一つである、293.1 nmの吸収分光測定を行うことで、自着火前の低温酸化反応の発生挙動がわかります。

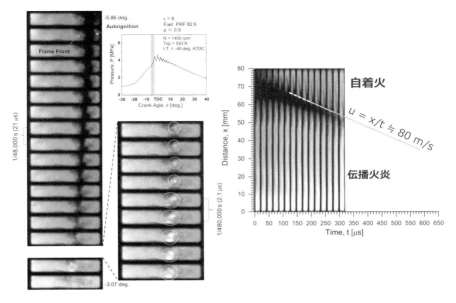

図6.14　比較的弱いノッキング発生時の燃焼可視化（1400rpm）[6-12]

①比較的弱いノッキングを起こした低速ノッキング時の燃焼可視化

　図6.11の波形1（1400rpm）の条件での燃焼可視化結果を図6.14に示します。圧力振動の発生挙動を可視化するために、毎秒480,000コマの高速撮影を行っています。このケースでは、左から右に向かう火炎伝播の進行中に、右端のエンドガス部から自着火が発生し、伝播火炎が向かってくる左方向に見かけ上伝播するかのように成長していることがわかります。その後、火炎面と自着火に挟まれた、破線の丸で囲った未燃領域で、輝度が高い自着火が発生した後、未燃領域が急速に燃焼し圧力振動が発生しています。図6.14の右側の図は、これらの燃焼写真を左に90°回転させて並べて、時間と自着火成長距離の関係を示したものです。この図の自着火の先端部をつないだ線の傾きが、自着火の進行速度になります。この条件では、自着火の進行は、80m/s程度であり、常温での音速よりもはるかに低い数値であることがわかります。また、この速度で自着火が進行する条件では、明確な圧力振動は発生していません（圧力振動が発生するのは、前述のとおり、自着火と火炎伝播に挟まれた領域で高輝度かつ急速な自着火が発生した時です）。つまり、緩慢な自着火だけで燃焼を完了することができれば、自着火したとしてもノッキングには至らないといえます。

②強いノッキングを起こした高速ノッキング時の燃焼可視化

　図6.11の波形3(4000 rpm)の条件での燃焼可視化結果を図6.15に示します。このケースでは、左から右に向かう火炎伝播の進行中に、右端のエンドガス部から自着火が発生し、伝播火炎が向かってくる左方向に成長を始めるところまでは、弱いノッキングを起こすケースと同じです。ただし左側の図の破線の丸で囲った領域で高輝度な自着火領域が確認された時点で、まだ未燃の領域が多いことがわかります(未燃ガスは圧縮されていますので、質量割合で考えると、体積割合以上に多くの未燃ガスが残っていることになります)。

　破線の丸で示した高輝度な自着火が発生したのち、その領域が未燃ガス中を高速で進行し、やがて伝播火炎部に到達し、そのまま高速で点火プラグ側に進行しています。その結果、非常に強いノッキングに至っています。図6.15の右側に、これらの燃焼写真を左に90°回転させて並べて、時間と自着火成長距離の関係に示したものを示します。見かけ上伝播するように進行する自着火の先端部の進行速度は、1700 m/s程度であることがわかります。

　前述の「デトネーション説」を考えるうえで、自着火および燃焼が、未燃ガス中を超音速で進行しているか否かが重要になります。次項で説明しますが、自着火が起こる温度は1100 K前後と考えられます。音速 c [m/s]は、次の式で求められます。

$$c = \sqrt{\kappa RT} \quad [\text{m/s}]$$

　ここで、κ は比熱比、R は気体定数、T は絶対温度です。
κ を、標準状態の空気の値($\kappa = 1.4$)とし、空気の気体定数287 J/(kg・K)を用いて1100 Kでの音速を計算すると次のようになります。

$$c = \sqrt{\kappa RT} = \sqrt{1.4 \times 287 \times 1100} = 665 \, m/s$$

　実際には、比熱比は温度によって変化します。気体定数も、エンドガスの組成の気体定数は、空気の気体定数とは同じではありません。しかし、平方根をとることもあり、それらを考慮したとしても空気と仮定した音速とさほど違いません。

　つまり、自着火直前のエンドガスの音速は、700 m/s程度以下だといえます。よって、図6.15で示した強いノッキングが発生するときの自着火の進行速度は超音速状態であると考えられます。つまり、強烈なノッキングに至る条件では、エンドガス中に相当量の未燃領域が存在する時点で、局所的に強い圧力波もしくは衝撃波が

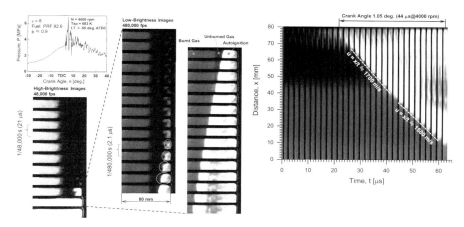

図6.15 高速時における強いノッキング発生時の燃焼可視化（4000rpm）[6-10]

発生し、それによる圧縮で未燃部が瞬時に加熱されて自着火し、圧力波にエネルギーを供給することで、衝撃波と自着火が相互作用しながら超音速で未燃部を消費する過程であると考えられます。つまり、デトネーションに進展する過程（Developing Detonation）[6-14] [6-15]にあると考えられます。

6−2−2　低温酸化反応と高温酸化反応

（1）自着火現象の複雑さ

　ガソリンエンジンのノッキングは、エンドガスの自着火によって生じます。次章で説明する、予混合圧縮着火（HCCI）燃焼は、自着火で燃焼が進行します[6-12] [6-13]。そのため、ノッキングの回避やHCCIエンジンを成立させるためには、自着火現象を理解して制御することが必要になります。しかしながら、自着火は低温酸化反応と呼ばれる複雑な化学反応の影響を強く受けながら進行するため、現象が複雑です。

　図6.16に、オクタン価0で自着火しやすいn-heptaneの着火遅れの例を示します[6-16]。着火遅れとは、燃料と酸化剤の混合気を各温度・圧力に保持した際に、何秒で着火に至るかを示した曲線です。直感的に考えると、温度が高いほど短い時間で着火すると考えられますので、右下がりの線になると考えられます（横軸を温度の逆数でとった場合には左下がりの線になります）。

　しかし実際には、800K程度までは着火遅れが短くなりますが、その後は950K程

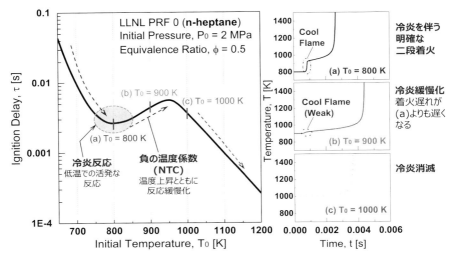

図6.16 n-heptaneの着火遅れと低温酸化反応[6-16]

度までは、温度が上がると着火遅れがむしろ長くなる領域が現われています。この領域は、温度を上げたにもかかわらず反応が緩慢化していることを意味するため、負の温度係数（NTC：Negative Temperature Coefficient）領域とも呼ばれます。950K以上では、再び着火遅れが短くなっていきます。図中の(a) 800Kにおける時間と温度の関係図を見ると、自着火によって温度が急激に増加する前に、$t = 1ms$ 程度の時期に温度が800K程度から950K程度まで一気に上昇しています。この低温域での発熱を冷炎反応（Cool Flame）と呼びます。さらに温度を上げた(b) 900Kでは、温度が上昇したにもかかわらず、自着火の時期が(a) 800Kよりもむしろ遅れています。その時、(b)の条件では、冷炎による温度上昇が小さいことがわかります。つまり、温度が上昇したことで、冷炎反応が緩慢化し、着火遅れを増加させたと考えることができます。

次に、これらの複雑な挙動を起こす理由である、自着火の化学反応について説明します。

（2）炭化水素の自着火反応プロセス

前項で説明したように、自着火に至る過程で、冷炎、負の温度係数などの特徴的な現象が起こります。これは、複合的な反応プロセスによってもたらされています。

ここでは、ガソリンを構成する主要な成分の一つである、飽和炭化水素（アルカン、

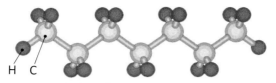

RH (Fuel)：C7H<u>16</u> (n-heptane)

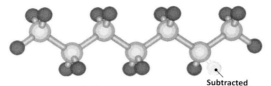

R (Alkyl Radical)：C7H<u>15</u>

図6.17　燃料RHとアルキルラジカルR（オクタン価0のn-heptaneの例）(6-16)

パラフィン）の低温酸化反応と高温酸化反応プロセス(6-17)(6-18)の概要を示します。

　オクタン価0のノルマルヘプタン（n-C7H16）を例にした場合の分子構造を図6.17に模式的に示します。反応の起点は、燃料（RHと記しています）から水素原子Hが引き抜かれたR（アルキルラジカル）と呼ばれる物質です。以後、温度域に分けて、反応メカニズムを説明します。

＜高温酸化反応：1200K程度以上＞
　アルキルラジカルRは、高温域と低温域とで、異なる反応プロセスをたどります。おおむね1200K以上の十分高い温度域では、燃料のC-C結合が切れてC_1のアルキルラジカルであるCH_3などに分解されます（β-scissionと呼びます）。つまり、主にメタン（もしくは燃料が濃い場合にはC_2のエタン）の燃焼に帰着されます。そのため、アルカンの高温酸化反応のメカニズムは、燃料の分子構造の影響を受けにくいです。例えば、同じアルカンであれば、オクタン価が全く異なるノルマルヘプタン（オクタン価0）とイソオクタン（オクタン価100）とで、燃焼速度はあまり変わりません。これは、どちらの燃料も高温ではβ-scissionを起こして小さなアルキルラジカルになるため、メタン系の同じ反応になるからだと説明されています(6-18)。

＜低温酸化反応①：900K程度前後・負の温度係数（NTC）領域＞
　1000K程度以下の低温域では、アルキルラジカルRがβ-scissionを起こせないた

め、水素が引き抜かれた箇所に酸素O_2が付加してRO_2になります(1st O_2 addition と呼びます)。RO_2は内部異性化により内部の水素を引き抜き$QOOH$になります[式(2)]。ここで、QはRからさらに1つ水素が引き抜かれた状態を指します。生成されたQOOHは分解し、反応性に富む活性化学種であるOHラジカルを1つ排出します[式(3)]。

この様子を、図6.18に模式的に記します。この反応は、活性なOHラジカルを1つしか出さないため、ラジカルが増殖している訳ではありません。この後に示す、ラジカルが増殖するケースと対比させて、連鎖移動反応と呼ばれます。

$R + O_2 = RO_2$ (1)
$RO_2 = QOOH$ (2)
$QOOH = QO + \underline{OH}$ (3)

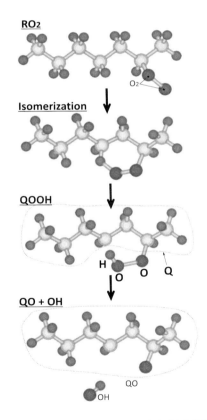

図6.18　$1_{st} O_2$ additionからのOHラジカル生成（連鎖移動反応）(6-16)

<低温酸化反応②:800K程度前後・冷炎反応領域>

　この温度域では、式(3)で生じたQOOHの分解が遅いため、QOOHがさらにO_2と結合してOOQOOHを生成します[式(4):2nd O_2 addition]。OOQOOHは、式(2)と同様に内部異性化を起こし、HOOQ'OOHを生成します[式(5)]。

　ここでQ'はQからさらに1つ水素が引き抜かれた状態を指します。その後、分解して結果的にOHラジカルを2つ排出します。つまり、低温にもかかわらず、反応性に富むOHラジカルが増殖することになり、これによって反応が活発化します(連鎖分枝反応といいます)[式(6)(7)]。つまり、低温時に活発な反応を起こすこの現象によって、冷炎現象が起こります。この様子を、図6.19に模式的に示します。

$$QOOH + O_2 = OOQOOH \qquad (4)$$
$$OOQOOH = HOOQ'OOH \qquad (5)$$
$$HOOQ'OOH = HOOQ'O + \underline{OH} \qquad (6)$$
$$HOOQ'O = OQ'O + \underline{OH} \qquad (7)$$

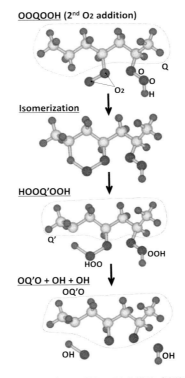

図6.19　2ndO2 additionからのOHラジカル増殖(連鎖分枝反応)[6-16]

6-2　ガソリンエンジンの異常燃焼

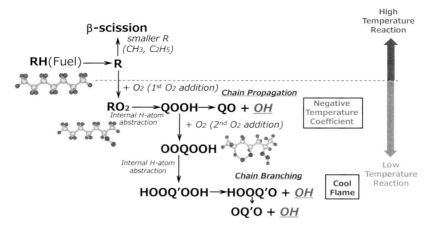

図6.20　炭化水素の低温酸化反応および高温酸化反応過程

以上のように、低温域（800K前後）では式(4)〜(7)の反応により連鎖分枝反応を起こすため、この温度域で反応が活発化し、冷炎反応が発生します。その後、温度が増加すると、式(1)〜(3)により連鎖移動反応に切り替わるため、反応が縮退（緩慢化）します。そのため、図6.16で示した着火遅れにおいて、800Kの時よりも900Kの時のほうがむしろ着火遅れが長くなる、いわゆる負の温度係数（NTC）領域が現われます。

以上のプロセスをまとめた、炭化水素の反応過程の概要を図6.20に示します。

＜冷炎縮退後、自着火開始までの間に重要な役割を果たす反応＞

冷炎反応などの低温酸化反応によって、前述の図6.20などのように反応が進行した結果、様々な中間生成物が発生します。特に、自着火前の反応でホルムアルデヒド（HCHO）などが生成・蓄積されることはよく知られており、重要な役割を果たす中間生成物の一つとされています。

安東・桑原らは、冷炎反応などで生成されたHCHOが、次の式(8)〜(10)に示す反応で、過酸化水素（H_2O_2）を生成し、それが熱分解してOHを増殖させつつ発熱するという、H_2O_2反応ループ[6-19]を提案しています。

$$HCHO + OH = \underline{HCO} + H_2O \tag{8}$$

$$HCO + O_2 = \underline{HO_2} + CO \tag{9}$$

$$HO_2 + HO_2 = \underline{H_2O_2} + O_2 \tag{10}$$

$$H_2O_2 + M = \underline{OH} + \underline{OH} + M \tag{11}$$

<総括反応式>
$$2HCHO + O_2 = 2H_2O + CO + 473 \text{ kJ} \quad (12)$$

この反応プロセスは、ホルムアルデヒド(HCHO)がホルミル(HCO)、ヒドロペルオキシラジカル(HO_2)を経由して過酸化水素(H_2O_2)を生成し、それが熱分解して(OH)ラジカルを2つ排出します。それによって、一連の反応が連鎖していきます。

この反応の総括反応は式(12)となり、ホルムアルデヒドと酸素が反応して水と一酸化炭素(CO)と熱を発生します[6-19]。この現象が、自着火前の反応として重要な役割を果たしていると考えられます。

図6.21に、化学反応の数値解析コードであるCHEMKINを用いて、詳細化学反応メカニズムに基づいた自着火過程の数値解析を行った結果の一例を示します[6-20]。計算に用いた反応メカニズムは、米国ローレンスリバモア国立研究所(Lawrence Livermore National Laboratory：LLNL)で開発された、オクタン価標準燃料(Primary Reference Fuels：PRF)の素反応機構です。この反応機構は、4236の素反応からなります。

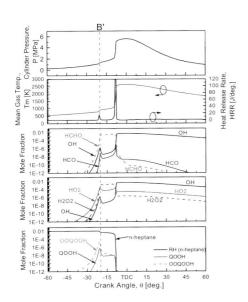

圧縮比 ε：8.7
回転速度 N： 1000 rpm
当量比 Φ：0.65
燃料： n-heptane (オクタン価 0)
圧縮開始温度： 430 K

比較対象である圧縮比8.7のエンジンが，1000 rpmで運転している際のピストンの圧縮と膨張を模擬した圧力と容積の変化を与えながら，素反応に基づく化学反応を計算している．
ただし，燃焼室内は空間的には一様で，熱損失は無いものとしている．

図6.21　詳細化学反応機構に基づくピストン圧縮による自着火過程の計算例[6-20]

破線B'の時期に、熱発生率(HRR)が立ち上がっているのがわかります。これは、冷炎反応が起きているためです。冷炎反応が起きた時、燃料であるn-heptaneが少し消費され、OOQOOH、H_2O_2、HCHOなどが生成、蓄積されていることがわかります。これは、前述の低温酸化反応の挙動と一致します。その後、温度が上昇して冷炎が縮退(緩慢化)します。自着火の時期に、HCHOが消費されていることがわかります。このように、詳細化学反応機構を用いた数値解析によって、自着火過程で起こる化学反応をもとに自着火現象を調べることが可能です。

ガソリンエンジンのノッキングやHCCIエンジンの自着火に至る際、混合気が低温から自着火までの温度領域をたどるため、これらの複雑な反応挙動の影響を強く受けたうえで、自着火のタイミングが決まります。この現象が、ノッキングの予測やHCCI燃焼の制御を難しくしています。

一般に、オクタン価が高い燃料は、冷炎反応などの低温酸化反応が緩慢なため、着火遅れが長くなります。ただし、低温酸化反応の活発さや着火遅れに影響をおよぼすのは、燃料だけではありません。圧縮開始温度、燃焼室壁温度、空燃比、残留ガス割合、EGRの有無など、エンジンの運転状況に応じて様々に変化する量が、低温酸化反応や自着火にも影響をおよぼします。そのため、様々な運転領域で自着火を制御するために、低温酸化反応特性の詳細を理解したうえで、それらに影響をおよぼす因子を自在にコントロールする術が必要になります。

■**参考文献**■

(6-1)　I. Glassman, Combustion, Third Edition 3rd Edition, Academic Press（1996）
(6-2)　J. B. Heywood: Internal Combustion Engine Fundamentals 2nd Edition, McGraw-Hill Education（2018）
(6-3)　宮崎瑠華，河原拓実，寺田光佑，三木龍，飯島晃良：小型ガソリンエンジンの性能に及ぼす燃料の影響調査，2016年度自動車技術会関東支部学術研究講演会（2017）
(6-4)　太田安彦：ピストン圧縮低温度自着火，燃焼研究，95号，P.53-67（1994）
(6-5)　H. Ando, A. Nishiyama, Y. Wachi, K. Kuwahara, Y. Sakai, T. Ohta: Heat Release Rate and Cylinder Gas Pressure Oscillation in Low and High Speed Knock, SAE Paper 2015-01-1880（2015）
(6-6)　飯島晃良，居迫拓治，石川貴大，山下貴大，工藤大貴，高畑周平，齊藤允教，田辺光昭，庄司秀夫：過給可視化エンジンを用いた高速ノッキング現象の研究，第28回内燃機関シンポジウム講演要旨集（2017）
(6-7)　L. Withrow, and G. M. Rassweiler: Slow Motion Shows Knocking and Non-Knocking Explosions. SAE Transactions Vol.31, P.297-303（1936）
(6-8)　Y. Nakagawa, Y. Takagi, T. Itoh and T. Iijima: Laser Shadowgraphic Analysis Of Knocking In S.I. Engine, SAE Paper 845001（1984）
(6-9)　T. Hayashi, M. Taki, S. Kojima, T. Kondo: Photographic Observation of Knock with a Rapid Compression and Expansion Machine, SAE Paper 841336（1984）
(6-10)　C. D. Miller: Roles of Detonation Waves and Autoignition in S.I. Engine Knock as Shown by Photographs taken at 40,000 and 200,000 Frames Per Sec., SAE Quartely Transactions, Vol.1, P.98-143（1947）
(6-11)　S. Curry: The Relationship Between Flame Propagation and Pressure Development During Knocking Combustion, SAE Paper 630095（1963）
(6-12)　A. Iijima, S. Takahata, H. Kudo, K. Agui, M. Togawa, K. Shimizu, Y. Takamura, M. Tanabe, H. Shoji, A Study of the Mechanism Causing Pressure Waves and Knock in an SI Engine under High-Speed and Supercharged Operation -Analysis of End-Gas Autoignition and Pressure Wave Behavior in the High-Speed Region and Occurrence of Strong Knock under Supercharged, Ultla-Lean Combustion-, International Journal of Automotive Engineering, Vol.9, o.1, P.23-30（2018）
(6-13)　A. Iijima, T. Izako, T. Ishikawa, T. Yamashita, S. Takahata, H. Kudo, K. Shimizu, M. Tanabe, H. Shoji: Analysis of Interaction between Autoignition and Strong Pressure Wave Formation during Knock in a Supercharged SI Engine Based on High Speed Photography of the End Gas,"SAE International Journal of Engines, Vol. 10, No.5, P.2616-2623（2017）
(6-14)　Ya. B. Zeldovich: Regime Classification of an Exothermic Reaction with Nonuniform Initial Conditions, Combustion and Flame, Vol.39, pp.211-214（1980）
(6-15)　D. Bradley, G. T. Kalghatgi: Influence of Autoignition Delay Time Characteristics of Different Fuels on Pressure Waves and Knock in Reciprocating Engines, Combustion and Flame, Vol.156, pp.2307-2318（2009）
(6-16)　飯島晃良：エンジンにおける自着火，日本燃焼学会誌，第57巻180号　P.95-105（2015）
(6-17)　J. Warnatz, U. Maas and R. W. Dibble: Combustion, 3rd Edition, Springer（2001）
(6-18)　越光男，三好明，松為宏幸：燃焼の化学反応における新展開，エンジンテクノロジー，Vol.4, No.3, P.40-48, 山海堂（2002）
(6-19)　H. Ando, Y. Ohta, K. Kuwahara, Y. Sakai: What is X in Livengood-Wu Integral ?, Review of Automotive Engineering, Vol.30, No.4, P.363-370（2009）
(6-20)　A. Iijima, T. Watanabe, K. Yoshida and H. Shoji, A Study of HCCI Combustion Using a Two-Stroke Gasoline Engine with a High Compression Ratio, 2006 SAE Transactions, Vol. 115, Sec.3, P.1031-1042（2007）

第7章　HCCI

7−1　HCCI燃焼とは

　高い熱効率かつNO_xとPMの同時低減を実現可能なエンジンの燃焼方式として、予混合圧縮着火[7-1]-[7-22]（HCCI）燃焼があります。

　本章では、HCCIの基礎、実現技術、課題などについて第3章や第6章で学んだ基本原理に基づいて説明します。

　HCCIとは、Homogeneous-Charge Compression Ignition[7-2]の頭文字をとったもので、日本語では予混合圧縮着火燃焼などと呼ばれます。

　従来燃焼である火花点火機関（Spark Ignition Engine）および圧縮着火機関（Compression Ignition Engine）との違いを考えます。

　図7.1および表7.1に、SI、CI（Diesel）、HCCIの違いを示します。

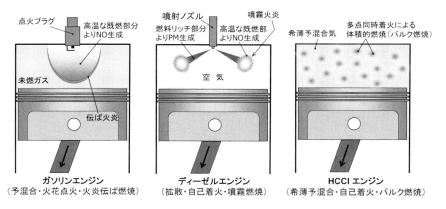

図7.1　SI、CI、HCCIの比較

表7.1　SI、CI、HCCIの特徴・利点・課題

	火花点火機関（SI）	圧縮着火機関（CI）	HCCI機関
燃焼形態	予混合燃焼	拡散燃焼	予混合燃焼
空燃比	通常はストイキ	リーン	リーン
燃焼の開始	火花点火	圧縮着火(自着火)	圧縮着火(自着火)
火炎形態	予混合火炎伝播	主に拡散火炎	多点着火によるバルク燃焼
圧縮比	低い	高い	高い
利点	・高速高負荷運転が可能なため、比出力が高い ・電子制御燃料噴射と三元触媒により排気がクリーン ・低コスト	・熱効率が高い ・低負荷時の熱効率低下度合が低い ・過給により低速時から高負荷(高トルク)運転が可能	・熱効率が高い ・エンジンアウトのNOxとPMをゼロレベルまで低減し得る
課題	・熱効率が低い ・低負荷時に熱効率が特に悪化	・NOxとPMの同時低減が困難 ・振動騒音が比較的大きい ・堅固な主機構造、高圧噴射系、後処理のためコストが高い	・着火時期の制御が難しい・運転可能な負荷と回転速度域が狭い ・予混合の低温燃焼のため、HCとCOが増加傾向

（1）火花点火（SI）燃焼

　ガソリンエンジンに代表されるSI燃焼は、6－1－1で説明したように点火プラグで形成された火炎核が成長し、予混合火炎伝播で燃焼が進行します。火炎伝播の速度は、大まかには、燃料の高温酸化反応特性および高温な火炎帯や既燃部から未燃ガスへの熱移動で決まる層流燃焼速度と、反応面の面積（火炎面積）で決まります。「燃料の種類」、「空燃比」、「EGRなどによる希釈割合」が同じであれば、層流燃焼速度は決まるので、乱れによる効果が支配的になります。

　つまり、火炎伝播燃焼では、点火から火炎伝播燃焼が行われる圧縮上死点付近において、いかに適正な乱れ場を形成し、そこに火炎核を的確に形成できるかが重要です。そのため、リーン化や大量EGRを行うと、燃焼期間と燃焼変動が増加しやすくなります。

　リーン領域では、三元触媒によるNOx浄化が困難なことも加わるため、通常は理

論空燃比(Stoichiometricなのでストイキと称されます)で運転することになります。その場合、低負荷ではスロットルバルブで吸入空気を絞る必要があるため、ポンピングロスが増えます。さらに、圧縮比を高めたり、点火進角を行うとノッキングが発生するため、熱効率の向上が妨げられます。

(2) 圧縮着火(CI)燃焼

ディーゼルエンジンに代表されるCI燃焼は、吸入空気を高い圧縮比で圧縮し、燃焼室内に燃料を高圧噴射し着火・燃焼を行う方式です。トータルの空燃比(筒内の平均空燃比)はリーンのため、原理的に高い熱効率を得ることができます。しかし、不均一な燃焼のため、局所的に高温で酸素が多い領域でNO_xが、過濃領域でPMが生成されます(第5章図5.7 ϕ-Tマップを参照)。

リーンNO_x触媒やDPF(Diesel Particulate Filter)による後処理でNO_xやPMを低減することが行われますが、それらは万能とはいえません。

リーンNO_x触媒は、通常のリーン燃焼運転時に排出されたNO_xを吸着して蓄積します。そのため、溜まったNO_xを還元するために、定期的にリッチ燃焼モードで運転することになり、これが燃費の悪化要因になります。

同じくPMも、DPF内に蓄積していきます。定期的に、遅延燃焼などを行って排気の温度を上げ(シリンダ内で熱エネルギーを十分に仕事に変換しようとせずに、排気の温度を上げるのに使う)蓄積したPMを酸化して除去します。

以上のように、後処理装置への負担が大きいと、結局は走行燃費の悪化を招きます。つまり、排気後処理装置があるとはいえ、そこへの負担は最小限にする必要があります。そのため、エンジンアウトエミッションをいかに低くできるかが重要になります。

(3) 予混合圧縮着火(HCCI)燃焼

予混合圧縮着火(HCCI)エンジンは、リーンな予混合気を吸入して圧縮着火させる燃焼方式です。つまり、ガソリンエンジンの「予混合」とディーゼルエンジンの「圧縮着火」を組み合わせた燃焼方式です。圧縮で火をつけることと、希薄な混合気を用いることから、基本的には高い圧縮比で自着火させて運転することが可能です。そのため、ガソリンエンジンにとっては理想的である、高圧縮比でのリーン燃焼が実現されます。

ガソリンエンジンの火炎伝播燃焼とは異なり、燃焼室内の多点で自着火が発現して体積的に燃焼(バルク燃焼)します。そのため、リーンであるにもかかわらず

燃焼期間はガソリンエンジンの燃焼期間よりも1桁程度短いです。つまり、等容度が高く時間損失の少ない燃焼も期待できます。図7.2に、2ストロークエンジンを用いて同じ圧縮比でSI（全負荷）とHCCI運転を行った際のp-V線図を示します。SIとHCCIで運転可能な領域が異なるため、当量比などの条件は異なりますが、HCCIは上死点付近で急速に圧力が上昇し、オットーサイクルに近いp-V線図を描いていることがわかります。

図7.3に示すような、ボア全域が可視化された2ストロークエンジンで撮影された、SIとHCCIの燃焼可視化写真の一例を図7.4に示します。このエンジンでは、2ストロークエンジンのシリンダヘッド部にボア全域が観察できる石英またはサファイア窓を設けています。また、本書では触れませんが、燃焼室内で起こる低温酸化反応などの特性を詳細に知るために、ボア方向に小型の観測窓を設置して、内部の分光計測を行っています。それに伴い、ピストンヘッドに光路として線状の溝が彫ってあるため、HCCIの燃焼火炎写真においては、その部分が明るく写っています。

図7.4に示すように、SI燃焼では画像上部に設置した点火プラグで形成された火炎が伝播しています。HCCI燃焼では、燃焼室内の多点で自着火が発生して、急速に燃焼しています。図7.4では、HCCIの写真はSIの写真の1/10の間隔で並べています。HCCIでは、1枚で0.1 ms進みますが、SIでは1枚で1ms進みます。それにもかかわらず、HCCI燃焼はわずか数枚のフレーム数で燃焼が完了しています（クランク角度で2～3deg.程度）。つまり、SI燃焼に比べて、1桁以上短い時間で燃焼が行われます。

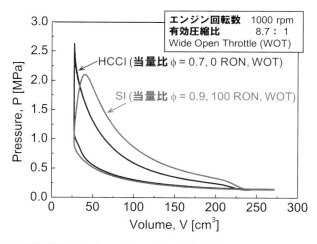

図7.2　同じ圧縮比の2ストロークエンジンで測定された、SIとHCCIのp-V線図

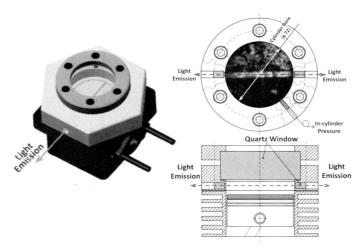

図7.3 ボア全域が観察化できる2ストローク可視化エンジン

火花点火(SI)燃焼 −火炎伝播燃焼−

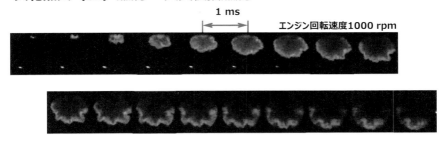

1 ms　エンジン回転速度1000 rpm

予混合圧縮着火(HCCI)燃焼 −多点着火によるバルク燃焼−

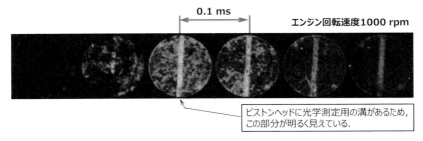

0.1 ms　エンジン回転速度1000 rpm

ピストンヘッドに光学測定用の溝があるため,この部分が明るく見えている.

図7.4　SIとHCCIの燃焼可視化写真

このことは、HCCIは等容度が高いオットーサイクルに近い受熱過程が得られることを意味します。実際に、図7.2のp-V線図を見ると、HCCIの受熱は容積一定に近く、等容度が高いことがわかります。

7-2　HCCIの利点と課題

7-2-1　HCCIの利点

HCCI燃焼を行うと、以下のような利点が期待できます。

＜HCCIの利点＞
① ガソリンエンジンに比べ高圧縮比化が可能なため高効率
② 火炎伝播限界を超えた希薄域で運転可能なため高効率
③ 希薄燃焼であるため熱損失が低減できる
④ 希薄燃焼であるためスロットル開度増加によるポンピング損失低減が可能
⑤ 均質かつ希薄であるため、エンジンアウトでのNOxとPMの同時低減が可能

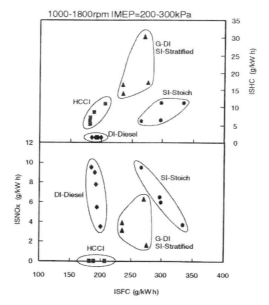

図7.5　SI、成層リーンSI、ディーゼルと比較したHCCIの特性 [7-14]

図7.5に、圧縮比10のストイキガソリン燃焼（SI-Stoich）、筒内直噴成層ガソリン燃焼（G-DI SI-Stratified）、圧縮比18の直噴ディーゼル燃焼（Di-Diesel）、圧縮比12のHCCI燃焼（HCCI）における図示燃料消費率（ISFC）とNO_xとHCの排出量の関係を示します[7-14][7-15]。HCCIは、ディーゼルエンジン並みの燃費（ISFC）でかつエンジンアウトのNO_xがほとんど排出されないという優れた特性を示しています。

7-2-2　HCCIの課題

HCCIエンジンが運転されるには、エンジンに対して要求される運転領域（平均有効圧力、回転速度、過渡運転時、その他）において少なくとも以下の事項が成立する必要があります。

①適正な時期に着火すること（着火時期制御）
②着火後の燃焼状態が適正であること（不完全燃焼防止、ノッキング防止）

ガソリンエンジンでは、①の条件は点火時期で基本的に制御可能です。②の条件は、混合気の乱れによる火炎伝播速度の増加効果を利用して、広い回転速度範囲で成立しています。

ディーゼルエンジンでは、①の条件は燃料噴射時期で基本的に制御可能です。②の条件も、燃料噴射のパターンによって制御されています。

HCCIエンジンは、予混合気をピストン圧縮して自着火させるため、自着火時期を制御する物理的なトリガーを持っていません。また、自着火後の燃焼の度合い（例えば熱発生率のパターンや圧力上昇率）をコントロールするのも困難です。そのため、HCCIエンジンの運転可能領域は狭い範囲に限られてしまいます。

図7.6に、HCCIの運転可能領域を模式的に示します。

①低負荷限界：低負荷になると、燃料投入量が少なくなる（リーンになる）ため、基本的に自着火しにくくなります。加えて、燃焼温度も低くなるため、完全燃焼が難しくなります。そのため、低負荷条件では失火や部分燃焼が発生しやすくなります。

②③高負荷限界：高負荷になると、燃料投入量が多くなるため、自着火はしやすい方向になります。しかし、自着火時期が早くなりつつ投入熱量が増えるため、許容

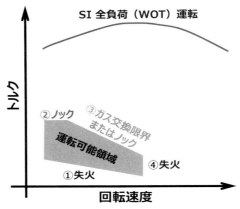

図7.6 HCCIの運転可能領域の模式図

範囲を超えた急速な燃焼に至ります。その結果、高い圧力上昇率による騒音発生や、場合によっては燃焼室内に圧力振動が発生するなど、ノッキングが起こります。

また、ガソリンなどの自着火しにくい燃料を用いたHCCIにおいては、自着火を促進するために意図的に前のサイクルの残留ガスを多くするようなバルブタイミングで運転する方法があります。このような方法を使うと、新気の量が減るため（体積効率が低いため）投入可能な燃料が少なくなります。その結果、ノックよりも先にガス交換の限界に至る場合があります。

④高速側限界：燃料の着火遅れの特性に示されるように、混合気が自着火するまでにはある程度の時間が必要です。そのため、回転速度が増加すると自着火が間に合わずに失火する傾向にあります。図7.7に、HCCI運転において回転速度を増加させた際の燃焼室内圧力と熱発生率を示します[7-23]。回転速度が増大すると、自着火に許される時間が短くなるため、自着火時期が遅角してやがて失火に至ります。ただし、回転速度の増大によって必ず自着火時期が遅角側に来るわけではありません。いずれにせよ、回転速度が変化すれば自着火時期が変化してしまうため、それに合わせて着火時期をコントロールする術が必要になります。

以上のように、広い運転範囲で適正な燃焼に制御することが難しいため、HCCIの運転可能領域は狭いことが課題です。以下に、HCCIの主な課題について説明します。

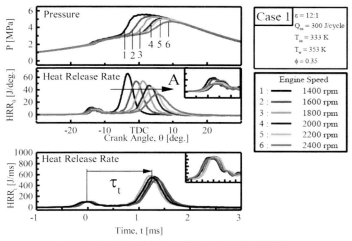

図7.7　回転速度変化がHCCI燃焼におよぼす影響 [7-23]

(1) 着火の誘発と制御

　HCCI燃焼は、予混合気の圧縮自着火燃焼です。つまり、ガソリンエンジンにおける「火花点火」や、ディーゼルエンジンにおける「燃料噴射」のような物理的な着火のトリガが存在しません。そのため、着火時期を制御するのが難しいのです。また、第6章で説明した、低温酸化反応過程（冷炎の強さ、負の温度係数など）が着火時期に大きく影響します。低温酸化反応の特性は、エンジンの運転状態変化（当量比、回転速度、吸気温度、吸気湿度、吸気圧力、EGR率、冷却水温度、その他）によって変化します。それ以外にも、燃焼室内の物理的な特性（温度分布、濃度分布、ガス流動、混合気の乱れなど）によっても着火と燃焼状態が変化します。

　以上の理由から、燃料の詳細かつ複雑な化学反応と、燃焼室内の物理量を正確に把握し、制御することが求められます。

　一例として、圧縮比と残留ガス状態が大きく異なる条件における、燃料のオクタン価を変化させた際のHCCI燃焼の熱発生率波形を図7.8[7-24]に示します。このデータは、同じ2ストロークのベースエンジンを用いて、圧縮比、回転速度、残留ガス割合を変化させて測定されたものです。図中に示された、0 RON～100 RONの条件は、オクタン価標準燃料（オクタン価0のn-heptaneとオクタン価100のiso-octaneの混合燃料）を用いたもので、Gasolineは市販のレギュラーガソリンを用いた実験結果です。

　左側に示す図(a)は、スロットル全開（WOT）で掃気効率を高めて残留ガスを極

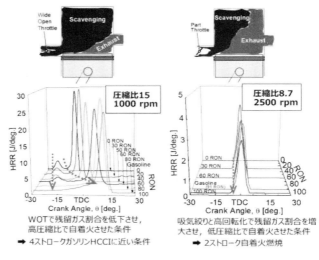

(a) 低残留ガス・高圧縮比　　(b) 高残留ガス・低圧縮比

図7.8　残留ガス状態が大きく異なる条件でのHCCI燃焼におよぼすオクタン価の影響 [7-24]

力排除した条件にて、圧縮比15の高圧縮比でHCCI燃焼をさせた条件です。このような条件は、通常の4ストロークガソリンHCCI燃焼に近い条件です（つまり、4ストロークガソリンHCCI燃焼を模擬した条件です）。

一方、右側に示す図(b)は、スロットル絞りと高回転速度化によって残留ガスの割合と温度を高めて、低圧縮比で自着火させている条件です。これは、いわゆる2ストロークの自着火燃焼であり、日本クリーンエンジン研究所から発表された活性熱雰囲気燃焼（ATAC: Active Thermo Atmosphere Combustion）[7-1] や、ホンダのAR（Activated Radicals）[7-8] [7-9] など燃焼に対応するものです。

図(a)の低残留ガスHCCIの条件では、オクタン価が低い条件では冷炎による熱発生が明確に表われています。オクタン価が増加すると、冷炎の熱発生率が低くなりつつ、主燃焼の熱発生時期が遅れていきます。このように、燃料の着火性（オクタン価）の影響を受けて、燃焼の時期が大きく変化します。

一方で、図(b)の高残留ガスの条件では、オクタン価が低い条件においても冷炎による発熱が確認できません。加えて、オクタン価を0から100まで大きく変化させているにもかかわらず、燃焼時期がほとんど変化していません。このように、燃焼室内の条件によって低温酸化反応が抑制された結果、燃料の自着火性（オクタン価）という個性が消えています。この過程を模擬した化学反応数値解析を行う

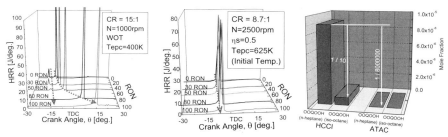

図7.9 残留ガス状態がHCCI燃焼におよぼす影響の反応数値解析 (7-24)

と、図7.9に示すように同様の結果が得られています。この時、第5章で説明したOOQOOHなどの冷炎反応の生成物の生成量が、高残留ガス条件では大幅に減少していることがわかります。この計算結果からは、オクタン価を0から100にするとOOQOOHが1/10程度に減っていますが、n-heptaneで残留ガスを与えた条件では、燃料のオクタン価は変化していないにもかかわらず、OOQOOHが桁違いに減少しています。つまり、燃料自体の着火性も重要ですが、混合気が燃焼室内で辿る温度、圧力、酸素濃度の履歴が非常に大きな影響をもたらします。

(2) 高負荷側運転領域の拡大

図7.10に、当量比を変化させた際の燃焼室内圧力と熱発生率の例を示します。エンジントルクを増加させるために、燃料投入量(当量比)を増加させると、急峻な

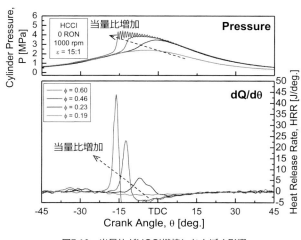

図7.10 当量比がHCCI燃焼におよぼす影響

圧力上昇を伴うノッキング性の燃焼が生じ、場合によっては燃焼室内圧力振動を生じ、運転が制限されます。そのため、高負荷側の運転領域を広げるためには、高負荷で激しくなる燃焼を緩慢化させる技術が必要になります。次節で、HCCIで発生するノッキングメカニズムの研究事例と、過給やEGRによって高負荷側の運転領域を拡大する方法などについて述べます。

（3）低負荷側運転領域の拡大
　低負荷やアイドリングでは、エンジントルクを低下させるために燃料投入量を減少させるため、燃焼温度が低下します。一般に燃焼温度が1500 K程度以下になると、COからCO_2への酸化が十分に進まなくなるため、燃焼効率が悪化してやがて失火に至ります。そのため、極低負荷やアイドリングでのHCCI運転が困難になります。次節で説明しますが、高温な前のサイクルの残留ガスを積極的に利用したり、混合気を成層化したりすることで、低負荷側の運転領域が拡大します。

（4）HC・COの排出量の低減
　上記（3）で説明したように、特に低負荷域では燃焼温度が低下することで、COやHCが排出しやすくなります。それに加えて、予混合燃焼であるために、壁面付近やクレビス部分へ侵入して燃焼を免れるHCが多くなります。なお、燃焼期間が比較的長くてかつ燃焼温度が高いストイキのSI燃焼では、膨張行程後半の燃焼室内温度も比較的高いため、クレビス等から吹き戻したHCの酸化が起こりやすいと考えられます。一方でHCCIは、低温燃焼であることに加え、燃焼期間が短いため早期に燃焼が終了し、膨張行程後半の燃焼室内温度は低くなります。そのため、第5章のHC排出メカニズムで示した、膨張行程後半でクレビス等から吹き戻したHCの酸化が進みにくくなると考えられます。つまり、HCCI特有のHCやCOの低減手法が必要になると思われます。

（5）触媒暖機機能の向上
　HCCIは、エンジンアウトでの低NO_xやゼロレベルNO_xを実現しうる燃焼方式ですが、高負荷条件、成層化、SI燃焼への切り替えなどを考えるとNO_xの後処理装置が必要になると考えられます。少なくとも、HCとCOを酸化するための酸化触媒の機能は必要だと思われます。第5章で示したように、触媒装置が効率よく作動するためには適正温度まで暖機されている必要があります。HCCIの排ガス温度は低いため、触媒の暖気や触媒温度を適正に保つことが困難になることが考えられま

す。そのような意味でも、従来燃焼であるSI燃焼やディーゼル燃焼への切り替え運転が重要になってきます。

（6）従来燃焼モードへの切り替え制御

HCCIは、極低負荷、高負荷、過渡状態で運転するのが苦手です。そのため、自動車用エンジンに求められる負荷と回転速度の全範囲でHCCI燃焼を成立させるのは簡単ではありません。このことから、ガソリンエンジンやディーゼルエンジンなどの従来の燃焼方式をベースとし、運転条件によってHCCI燃焼を行う方式が現実的な手法と考えられます。それにより、燃焼モードの切り替え技術が必要になります。

7－3　HCCIの課題克服に向けた研究開発

HCCIの主たる課題である、運転領域の拡大に関する研究開発の例を紹介します。

7－3－1　運転領域の拡大

（1）残留ガス（内部EGR）活用による低負荷・高速側運転領域の拡大

残留ガス（内部EGR）を積極的に活用したHCCI燃焼として、2ストロークの自着火燃焼（ATAC、AR燃焼など）があります。通常の4ストロークHCCI燃焼では、回転速度が高くなると自着火に許される時間が短くなるため、失火や不安定燃焼によって燃焼が成立しにくくなる特性があります。一方で、2ストロークの自着火燃焼では、残留ガスを積極的に活用することで、主に高速低負荷域での運転を得意とします。図7.11に、ホンダのAR燃焼の運転領域の一例を示します[7-9]。2ストローク自着火燃焼は、排気絞りまたは吸気絞りによって掃気効率を意図的に低下させ、多量の残留ガスを与えることで、極めて高い回転速度まで運転できることが示されています。

この方法が、4ストロークHCCIエンジンの高速低負荷側の運転領域の拡大にも適用できます。4ストロークエンジンで残留ガスを与える方法を図7.12に示します[7-25]。通常のバルブタイミングは、図7.12の一番上に示すように排気上死点付近にオーバーラップがありますが、上から2番目の図に示すように、排気上死点付近で両バルブを閉じることで排気を閉じ込める「負のバルブオーバーラップ：Negative Valve Overlap（NVO）」があります。上から3番目の図は、通常のオーバーラップ

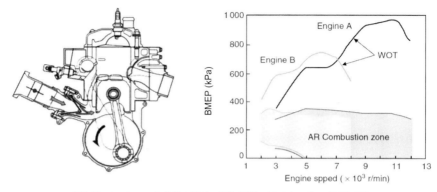

図7.11 2ストローク自着火燃焼の運転領域の例（ホンダAR燃焼）[7-9]

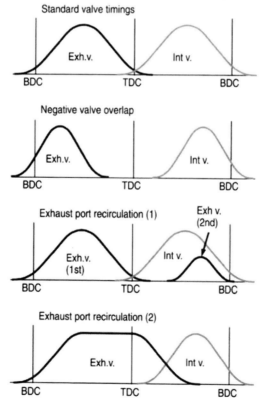

図7.12 吸排気バルブの作動によって残留ガスを与える方法 [7-25]

で排気行程を終えた後、吸気行程に排気バルブを再度開いて排気を再吸入する「排気2度開き」です。一番下の図は、排気バルブを排気上死点以降にもしばらく開いておくことで排気を再吸入する、「排気遅閉じ」です。

図7.13に、ガソリンHCCI燃焼の運転領域におよぼす負のバルブオーバーラップの影響例を示します[7-18]。図中に負の値で示されている数値が、負のバルブオーバーラップ角です。図中にひかれた曲線が、運転可能な限界線を示しています。つまり、曲線の左側または上側でHCCI燃焼が成立します。NVO角を大きくすることで、より低圧縮比・高速側で燃焼が可能になっています。つまり、自着火しにくい高速・低温・低圧側に運転領域が拡大しています。全域をHCCI燃焼で運転するのではなく、必要に応じてSI燃焼に切り替えることを想定した場合には、両運転モードの切り替えが必要になります。そのため、SI燃焼で用いられる比較的低めの圧縮比においても、HCCI燃焼ができることは有用です。

負のバルブオーバーラップで残留ガスをトラップする方式は、図7.14に示すように高温高圧な残留ガスを圧縮して膨張させる過程が伴います。その際、熱損失が発生し、p-V線図上には左回りの負の仕事が発生します。つまり、ポンピングロスが増大してしまうデメリットもあります。NVOで残留ガスを与える方法のほかに、排気2度開きで既燃ガスを再吸入する方法などもあります。

図7.15に、排気2度開きで内部EGRを与えた際のHCCIとNVOで内部EGRを与えた際のHCCI燃焼特性を比較した研究例[7-26]を示します。ここで、PVOと記されている条件が、正のバルブオーバーラップで排気2度開きを行い、内部EGRを与え

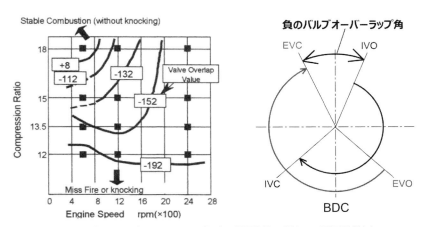

図7.13　負のバルブオーバーラップによる低圧縮比・高速での運転領域拡大

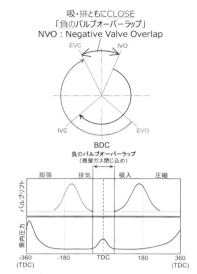
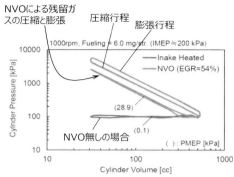

負のバルブオーバーラップを用いた際のp-V線図の例[7-26]。PMEP(28.9kPa)と記されているものがNVOを用いた条件です。高温残留ガスを圧縮-膨張する過程でポンピング損失と冷却損失が増加します。

図7.14 負のバルブオーバーラップによる排気圧縮効果

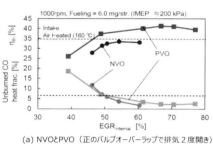

(a) NVOとPVO（正のバルブオーバーラップで排気2度開き）の図示熱効率とCO排出特性比較

(b) NVOとPVO（正のバルブオーバーラップで排気2度開き）のヒートバランス解析結果

図7.15 排気2度開きHCCIの燃焼特性 [7-26]

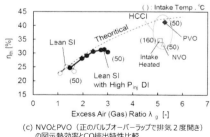
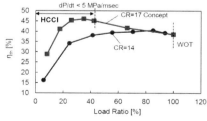

(c) NVOとPVO（正のバルブオーバーラップで排気2度開き）の図示熱効率とCO排出特性比較

(d) NVOとPVO（正のバルブオーバーラップで排気2度開き）の図示熱効率とCO排出特性比較

図7.16 SIと比較した際の熱効率特性 [7-26]

たものです。

図(a)に示すように、NVOで残留ガスを与えた条件に比べて、PVO＋排気2度開きで内部EGRを与えた条件のほうが、広いEGR範囲で高い熱効率を示していることがわかります。COが増える条件が存在するのは、NVOに比べて内部EGRおよび圧縮膨張行程のガス温度が、全体的に低くなるためだと思われます。

図(b)のヒートバランス解析結果に示されるように、PVO＋排気2度開きのHCCIでは、ポンピングロスと冷却損失が低減しています。

図7.16に、SIと比較した際の熱効率特性を示します。HCCIは、リーンやEGRによる大量希釈条件下の燃焼が可能です。つまり、低負荷条件での高効率燃焼運転が可能です。SI燃焼は、ストイキの場合は低負荷でポンピングロスが増大します。リーンのSIでは安定点火と高速火炎伝播の実現に課題が生じます。HCCI燃焼を低負荷域に適用することで、実用条件での使用頻度が高い低負荷時の燃費改善が期待できます。

(2) 負のバルブオーバーラップ中燃料直噴による低負荷限界拡大

負のバルブオーバーラップによって排気上死点付近で閉じ込められた残留ガス中に、筒内直噴を用いてわずかに燃料を噴射することで、そこで生成した高温な部分燃焼ガスやその生成物の影響を受けて低負荷側の運転領域がさらに拡大します。

図7.17に、NVOに加えて、NVO(NOL)中直噴を行った際の運転領域を示します[7-20]。例えばアイドリング付近の極低負荷や無負荷状態で燃焼を成立させるためには、摩擦平均有効圧力P_{mf}と釣り合う程度の少ない燃料投入量で運転する必要があります。

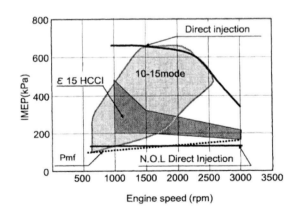

図7.17　直噴を活用した運転領域拡大 [7-20]

圧縮比15にてNVOのみで運転した「ε15 HCCI」の条件では、低負荷で失火により運転ができません。NVO中燃料直噴を用いることで、P_{mf}付近で運転ができることがわかります。

(3) 過給やEGRによる方法

図7.10に示したように、負荷を増加させるために燃料の投入量のみを増加させて当量比を高めると、急激な燃焼を伴うノッキングが発生してしまうため、運転が制限されます。これは、燃焼温度が増加することで反応が急速に進行するためだと考えられます。そこで、過給を用いて十分な希釈空気を与えつつ燃料投入量を増加させることで、ノッキングの発生を抑えつつ高負荷運転が可能になります。

図7.18に、ガソリンを用いて圧縮比17でHCCI燃焼を行い、異なる吸気圧で運

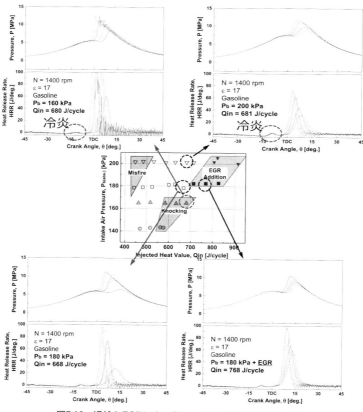

図7.18　過給とEGRによる激しいHCCI燃焼の緩慢化 (7-27)

転を行った際の5サイクル分の燃焼室内圧力と熱発生率を示します[7-27]。中央のマップにあるように、吸気圧を絶対圧で約140 kPaから約200 kPaまで変化させ、それぞれの条件で燃料投入量を変化させています。さらに、高吸気圧側の「EGR Addition」と示した領域ではEGRを与えています。

上側の2つの波形は、同等の燃料投入量（投入熱量$Q_m ≒ 680J/cycle$）において吸気圧を変化させた際の燃焼を示しています。吸気圧が低い左側の図では、熱発生率が増大し、燃焼室内圧力振動を伴う激しいノッキングが生じています。一方で、吸気圧が高い右側の図では、同一の燃料投入量であるにもかかわらず、熱発生率の最大値が低下し、燃焼室内圧力振動も発生していません。このように、過給によるリーン化によって、同一燃料投入量（負荷）での燃焼を緩慢化できるため、高負荷側運転領域の拡大が可能になります。

下側2つの波形は、同一の吸気圧（Pb(abs) = 180kPa）でEGRの有無を検証した例です。EGRを与えた右側の波形では、EGRを与えていない左側の波形の条件よりも燃料投入量を増やしているにもかかわらず、燃焼がむしろ緩慢化していることがわかります。これは、主にEGRによって燃焼時期が上死点以降に遅角していることが寄与していると思われます。このように、過給とEGRをうまく利用すること

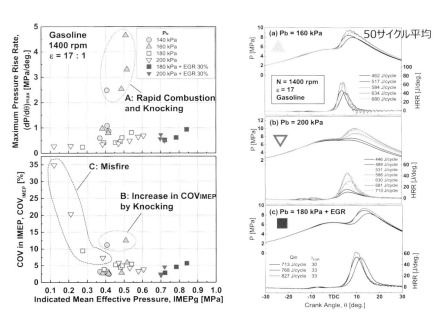

図7.19 過給とEGRによるHCCI運転領域の拡大[7-27]

で、高負荷側の運転領域の拡大が可能です。

図7.19に、過給とEGRの組み合わせによる高負荷運転領域拡大効果を示します。吸気圧が低い160 kPaの条件では、グロスの図示平均有効圧力IMEP$_g$（圧縮～膨張行程のみで図示平均有効圧力を算出したもの。IMEP$_g$は吸排気行程の影響を受けない）が0.4 MPa程度で圧力上昇率が増大し、ノッキングに至ります。吸気圧を増加させると、ノッキングせずに負荷が向上できることがわかります。吸気圧180 kPaでEGRを与えた条件では、IMEP$_g$が0.8MPaを超えており、SIエンジンにおける比較的高負荷域に相当する負荷で運転が可能になることがわかります。

このように、過給とEGRは、高負荷限界を拡大するうえで有用な手法だと考えられます。

（4）火花点火やプラズマアシストによる方法

HCCIは、燃料と空気の予混合気をピストン圧縮で自着火させるため、「自着火するか？」「いつ自着火するか？」を正確に知り、コントロールすることが求められます。このことが実用化の大きなハードルの一つです。そこで、SIエンジンと同じように、火花点火を活用して自着火のアシストやトリガーを行う方法[7-26][7-28]-[7-30]があります。ただし、通常HCCI燃焼運転がされる混合気の当量比は0.5未満の超希薄条件です。そのような混合気に火花点火を行っても、十分に安定した点火アシスト効果が得られるわけではありません。そのため、筒内直噴技術を用いて点火電極近傍に着火性の良い濃度の混合気を形成したり、リーンでの燃焼アシスト効果が期待できる非平衡プラズマ放電でアシストする方法[7-31]-[7-35]などが検討されています。

マツダでは、直噴技術と火花点火アシストを用い、点火で形成される火炎球によって未燃部分を自着火させるSPCCI（SPark Controlled Compression Ignition）コンセプトを提案しています（図7.20）。火花点火によって初期火炎が形成され、その熱発生によって膨張すると、燃焼室内のガスは圧縮されます。その結果、断熱圧縮的に未燃ガスの温度も上昇します。

式（3.2）に示した、断熱変化のポアソンの式$pV^\kappa =$ 一定に、理想気体の状態方程式$pV=mRT$を代入してVを消去すると、式（7.1）になります。

$$\frac{T}{p^{\frac{\kappa-1}{\kappa}}} = \text{一定} \qquad (7.1)$$

つまり、初期火炎形成直前を状態1、火炎球形成後を状態2とすれば、状態2での温度はT_2は式(7.2)のようになり、未燃ガスの温度T_2は点火直前のガス温度T_1と、火炎球による圧力上昇率(p_2/p_1)と比熱比κ（作動ガスの状態）で決まります。

$$\frac{T_1}{p_1^{\frac{\kappa-1}{\kappa}}} = \frac{T_2}{p_2^{\frac{\kappa-1}{\kappa}}}$$

$$T_2 = T_1 \left(\frac{p_2}{p_1}\right)^{\frac{\kappa-1}{\kappa}} \qquad (7.2)$$

要するに、火炎球が副ピストンとして追圧縮をするのと相似になります。

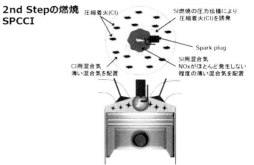

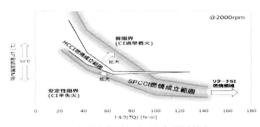

図7.20　SPCCI燃焼による運転領域拡大

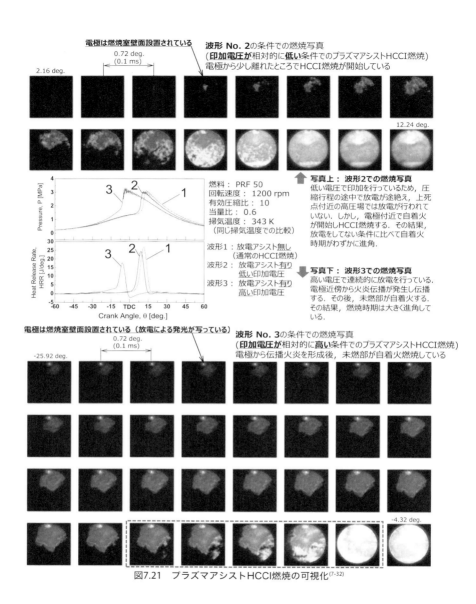

図7.21　プラズマアシストHCCI燃焼の可視化[7-32]

　図7.21に、プラズマアシストHCCI燃焼の火炎生成プロセスを測定した例[7-32]を示します。可視化エンジンの燃焼室壁面に設置された電極(市販の点火プラグ)中に、高周波(約20kHz)、高電圧の電圧パルスを印加することで、点火電極間に放

電を行っています。HCCIのような希薄条件において、通常の火花点火で火炎を形成されるのは容易ではないため、この研究では連続的なプラズマ放電を圧縮行程の初期から与え続けています。波形1が通常のHCCI(放電無し)の条件で、波形2と波形3は放電を行っている条件です。波形2は波形3に比べて印加電圧が低いため、圧縮行程の途中で放電が途絶えています。波形3では、燃焼が開始するまで連続的に放電を行っています。波形2の条件では、放電が途絶えた後、電極から少し離れた場所で自着火が開始してHCCI燃焼をしています。その結果、放電無しの波形1に比べるとわずかに自着火が促進されています。波形3では、電極近傍から初期火炎が形成され、それが火炎伝播したのち、未燃部が自着火しています。その結果、自着火時期が大幅に新角しています。つまり、HCCIの燃焼室内で火炎伝播を形成させることは、着火のアシストに大きな効果があります。ただし、波形3の条件ではノッキングが発生しています．条件が整えばSIエンジンのノッキングと同じ現象になってしまうため、圧力振動が発生しない条件にコントロールする必要があります。HCCIで起こるノッキングについては、7-3-2で説明します。

7-3-2　異常燃焼(HCCIノッキング)メカニズム

　HCCIは、燃焼室内全域が多点同時着火で燃焼します。そもそも、SIのノッキングはエンドガスの自着火によって局所的に圧力が不均衡になるために生じます。HCCIが理想的に完全な多点同時着火をした場合には、燃焼室内全域で同じ圧力上昇になるため、圧力振動は発生しないはずです。しかしながら、実際の燃焼室内での現象が完全に均一ということはないため、必ず局所的に異なる現象になります。

　また、仮に燃焼室内混合気が同時着火して圧力振動が発生しなかったとしても、そのような条件では短い時間で筒内全域で熱発生が行われるため、全体の圧力上昇率($dp/d\theta$)が高くなります。そのため、結局は打音などの問題が生じます。

　つまり、局所的に不均一な自着火によって図7.22の左側の波形に示すような圧力振動を発生することがあります。一方で、均一度が高い場合では、図7.22の右側に示すように、高い圧力上昇率に起因するノックが問題になることがあります。

　実際のHCCIでは、高負荷時や自着火時期が早すぎる場合などに、圧力振動を伴うノッキング[7-36]-[7-43]が発生します。

　図7.3で示した可視化エンジンを用いて、HCCIのノッキングを毎秒160,000コマで観察した例を図7.23に示します[7-40]。

　ノッキングを生じていない下側の条件の写真では、自着火は局所的に発生したの

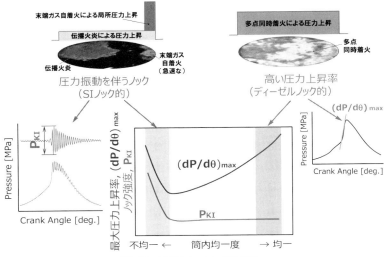

図7.22 HCCIノッキングの特性

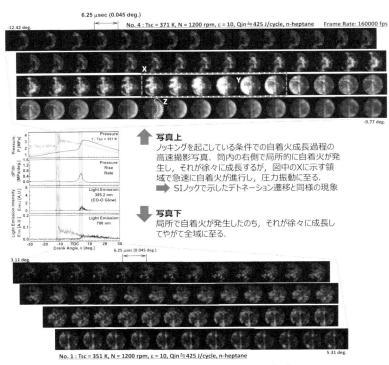

図7.23 HCCIノッキングの燃焼可視化 (7-40)

ち、それが徐々に成長し、やがて全域に至っています。ただし、SIの火炎伝播と比べると非常に短い時間で燃焼が完了します。

一方で、ノッキングが生じる条件では、局所的に自着火が始まり、それが徐々に成長するところまでは同じですが、その後、図7.23の領域Xに示すところで、高輝

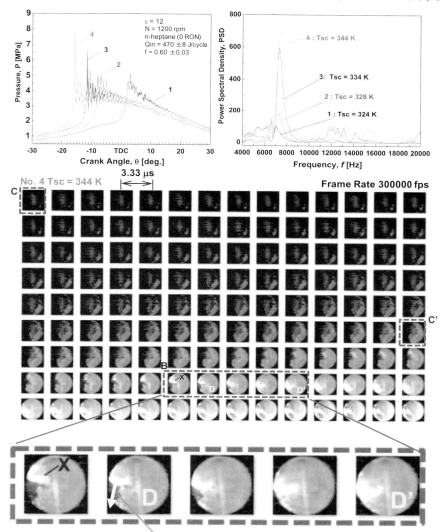

図7.24　HCCIノッキングにおける自着火成長過程の高速観察 [7-43]

度な自着火領域が現れた後それが急速に未燃部側に向かって成長しています。

この時、強い圧力振動が発生しています。

図7.24に、より高速の撮影速度である毎秒300,000コマで撮影した結果を示します[7-43]。図中にBで示す領域で、高輝度な領域が形成され、それが約1800m/sの超音速で未燃部中を進行していくことがわかります。その結果、強いノッキングが生じています。これは、第6章で説明した強いSIノックのメカニズムと同じだと考えられます。よって、HCCIにおいても、特に高負荷側の運転領域を拡大するためには、SIエンジンで発生する強いノッキング(LSPI、高速ノックなど)と同様なメカニズムで生じる異常燃焼への対応が重要になります。

■参考文献■

- (7-1) Onishi, S., Jo, S. H., Shoda, K., Jo, D. P., and Kato, S., Active Thermo-Atmosphere Combustion (ATAC) –A New Combustion Process for Internal Combustion Engines, SAE paper 790501 (1979)
- (7-2) Thring, R. H., Homogeneous Charge Compression-Ignition(HCCI) Engines, SAE paper 892068(1989)
- (7-3) Oppenheim, A. K., The Knock Syndrome–Its Cures and Its Victims, SAE paper 841339(1984)
- (7-4) Zhao, H.(Editor) Homogeneous Charge Compression Ignition(HCCI) Engines–Key Research and Development Issues, SAE International(2003)
- (7-5) Zhao, H., HCCI and CAI Engines for the Automotive Industry, Woodhead Publishing(2007)
- (7-6) Iida, N., Combustion Analysis of Methanol-Fueled Active Thermo-Atmosphere Combustion (ATAC) Engine Using a Spectroscopic Observation, SAE paper 940684(1994)
- (7-7) 古谷正広, 河野正顕, 太田安彦, 超希薄予混合圧縮予自着火機関試案, 日本機械学会論文集(B編), Vol. 62, No. 595, p. 1240-1246(1996)
- (7-8) Ishibashi, Y., and Asai, M., Improving the Exhaust Emissions of Two-Stroke Engines by Applying the Activated Radical Combustion, SAE paper 960742(1996)
- (7-9) 石橋羊一, 西田憲二, 堺幸男, 作山尚史, 2行程機関的ガス交換法による自着火燃焼の制御メカニズム, Honda R&D Technical Review, Vol.15, No.1(2003)
- (7-10) 中野道王, 政所良行, 山崎哲, 残留ガス制御による2ストローク・ガソリンHCCI燃焼(第1報)－単筒エンジンによる熱効率及びエミッションの評価, 自動車技術会論文集, Vol.37, No.3, p. 85-90(2006)
- (7-11) Najt, P. M., Foster, D. E., Compression-Ignited Homogeneous Charge Combustion, SAE paper 830264(1983)
- (7-12) Aoyama, T., Hattori, Y., Mizuta, J., and Sato, Y., An Experimental Study on Premixed-Charge Compression-Ignition Gasoline Engine, SAE paper 960081(1996)
- (7-13) Willand, J., Nieberding, R., Vent, G., and Enderle, C., The Knocking Syndrome –Its Cure and Its Potential, SAE paper 982483(1998)
- (7-14) 森川弘二, 金子誠, 伊藤仁, 最首陽平, 予混合圧縮着火ガソリン機関の研究(第一報): エンジンシステムの検討と圧縮着火の実現, 自動車技術会論文集, Vol.33, No.2, p.11-14(2002)
- (7-15) 金子誠, 森川弘二, 伊藤仁, 最首陽平, 予混合圧縮着火ガソリン機関の研究(第二報): 混合気成層化による着火の制御について, 自動車技術会論文集, Vol.33, No.2, p.15-18(2002)
- (7-16) Hiraya, K., Hasegawa, K., Urushihara, T., Iiyama, A., and Itoh, T., A Study on Gasoline Fueled Compression Ignition Engine –A Trial of Operation Region Expansion-, SAE paper 2002-01-0416(2002)
- (7-17) Urushihara, T., Hiraya, K., Kakuhou, A. and Itoh, T., Expansion of HCCI Operating Region by the Combination of Direct Fuel Injection, Negative Valve Overlap and Internal Fuel Reformation, SAE Paper 2003-01-0749(2003)
- (7-18) 漆原友則, 平谷康治, 角方彰彦, 伊東輝行, ガソリンHCCIの基本特性と運転領域拡大について, JSAEシンポジウムテキスト, JSAE 20034671(2003)
- (7-19) Persson, H., Agrell, M., Olsson, J. O., Johansson, B. and Ström, H., The Effect of Intake Temperature on HCCI Operation Using Negative Valve Overlap, SAE Paper 2004-01-0944 (2004)
- (7-20) 浦田泰弘, 粟坂守吉, 高梨淳一, 木村範隆, 高沢正信, 梅本篤, 電磁式自在バルブタイミング機構を備えたガソリン圧着火エンジンの研究, JSAEシンポジウムテキスト, JSAE 20054926 (2005)
- (7-21) 窪山達也, 森吉泰生, 山田敏生, 藤井徳明, 鈴木正剛, 畑村耕一, ブローダウン過給システムを用いたHCCIガソリン機関の運転領域拡大, 自動車技術会2009年春季大会, JSAE

(7-22) 飯島晃良，庄司秀夫，HCCI機関の現状と将来，自動車技術，Vol.65, No.9, p.72-77(2011)
(7-23) 田中寛人，星野飄太，樋口裕也，飯島晃良，庄司秀夫，回転数が HCCI 機関の自着火及び燃焼特性に及ぼす影響，第27回内燃機関シンポジウム，JSAE 20162978(2016)
(7-24) Iijima, A., Yoshida, K., Shoji, H., A Comparative Study of HCCI and ATAC Combustion Characteristics Based on Experimentation and Simulations Influence of the Fuel Octane Number and Internal EGR on Combustion, SAE paper 2005-01-3732(2005)
(7-25) 石山拓二，エンジン燃焼技術の現状とこれから，エンジンテクノロジーレビュー，Vol.1, No.1, p.46-53(2009)
(7-26) 山川正尚，神長隆史，養祖隆，長津和弘，藤川竜也，長野高皓，ガソリン高圧噴射を用いた高圧縮比エンジンの燃焼技術（第4報）-部分負荷運転時の燃費性能の検討-，自動車技術会2018年春季大会学術講演会講演予稿集，JSAE 20185292(2018)
(7-27) 飯島晃良，松石宗大，阿部泰英，石澤雄馬，庄司秀夫，三沢一仁，小島啓，過給とEGRを用いたガソリンHCCI機関の研究（第1報）-過給と外部EGRによる高負荷時の燃焼緩慢化-，自動車技術会2015年春季大会学術講演 講演予稿集，JSAE 20155001(2015)
(7-28) 山本博之，内燃機関進化によるCO₂低減への貢献，第28回内燃機関シンポジウム,基調講演資料（2017）
(7-29) 漆原友則，松田健，HCCI燃焼-SI燃焼の境界領域とその燃焼特性，JSAEシンポジウムテキスト，JSAE 20086103(2008)
(7-30) 甲村公典，高沢正信，森田照義，HCCIの着火制御性向上技術，Honda R&D Technical Review, Vol.26, No.2(2014)
(7-31) 白石泰介，漆原友則，低温プラズマによるＨＣＣＩ燃焼自着火促進技術に関する研究，自動車技術会論文集，Vol. 42, No. 6, p. 1361-1366（2011）
(7-32) 飯島晃良，竹田幸太郎，吉田裕貴，林智敏，浅井朋彦，田辺光昭，庄司秀夫，可視化エンジンを用いた非平衡プラズマ放電アシストHCCI燃焼の研究，第27回内燃機関シンポジウム，JSAE 20162975(2016)
(7-33) 宮内佑輔，本多浩詩，高橋克仁，中村和史，倉澤侑史，浅井朋彦，飯島晃良，田辺 光昭，非平衡プラズマ放電がHCCI時の燃焼形態に与える影響，第27回内燃機関シンポジウム，JSAE 20162972(2016)
(7-34) Higuchi, Y., Tanaka, H., Hoshino, H., Matsuishi, M., Iijima, A., Shoji, H., Effect of Streamer Discharge Assist on Combustion in a Supercharged HCCI Engine, SAE International Journal of Engines, Vol. 9, No. 4, p. 2350-2355(2016)
(7-35) 田中寛人，佐藤竜也，高野竣太郎，元木裕也，星野飄太，飯島晃良，浅井朋彦，関口純一，芦澤好人，田辺光昭，庄司秀夫，EGRおよび過給条件での非平衡プラズマがHCCI燃焼に与える影響，日本エネルギー学会誌，Vol. 97, No. 3, p. 64-69(2018)
(7-36) Eng, J., Characterization of Pressure Waves in HCCI Combustion, SAE Paper 2002-01-2859, 2002.
(7-37) Sheppard, C., Tolegano, S., and Woolley, R., On the Nature of Autoignition Leading to Knock in HCCI Engines, SAE Paper 2002-01-2831, 2002.
(7-38) Vressner, A., Lundin, A., Christensen, M., Tunestal, P. et al., Pressure Oscillations During Rapid HCCI Combustion, SAE Paper 2003-01-3217, 2003.
(7-39) Andreae, M., Cheng, W., Kenney, T. and Yang, J., On HCCI Engine Knock, SAE Paper 2007-01-1858(SAE 2007 Transactions Journal of Fuels and Lubricants-V116-4), 2007.
(7-40) 飯島晃良，島田貴司，山田将徳，伊藤直也，庄司秀夫，自着火の高速可視化観察による筒内圧力振動を伴うHCCI燃焼の研究，第52回燃焼シンポジウム（2014）
(7-41) Akira Iijima, Hideo Shoji, Yuki Yoshida, Chibin Rin, Masanori Yamada, Takashi Shimada, Naoya Ito, A Study of the Behavior of In-Cylinder Pressure Waves under HCCI Knocking

　　　　 by using an Optically Accessible Engine, SAE International Journal of Engines, Vol.9, No.1, p. 1-10(SAE 2015-01-1795)（2016）
（7-42）　伊藤直也，島田貴司，山田将徳，飯島晃良，庄司秀夫，ノック振動を伴うHCCI燃焼の自着火挙動及び周波数特性，日本燃焼学会誌，Vol.57, No.180, p.142-149(2015)
（7-43）　Iijima, A., Takeda, K., Yoshida, Y., Lin Z., Shoji, H., A Study of Interaction between Pressure Waves and Reaction Regions in HCCI Combustion accompanied by Strong Knocking based on High-speed In-cylinder Visualization and Observation, 26th International Colloquium on the Dynamics of Explosions and Reactive Systems(2017)

重要用語解説

●アトキンソンサイクル
副リンク機構を用いて、機械的に高膨張比を実現するエンジンのこと。

●EGR(排ガス再循環)
EGRとは、Exhaust Gas Recirculationのことを指す。EGRの主成分は、吸入した窒素、燃焼で発生した二酸化炭素、水、燃焼に使われなかった酸素などである。空気に比べて、比熱比が小さく、さらに不活性な二酸化炭素などの割合が増えるため、燃焼温度を下げて窒素酸化物(NO_x)を削減する効果がある。また、スロットル絞り運転をしている条件でEGRを与えると、負圧である吸気管内の圧力が回復するため、ポンピングロスを低減する効果もある。

●一酸化炭素(CO：Carbon Monoxide)
燃焼中の炭素成分Cは、完全燃焼によって二酸化炭素CO_2になるが、空気不足(リッチ条件)や局所的に過度にリーンな条件や、燃焼温度が低すぎる条件ではCOがCO_2になれずに排出される。COは、ヘモグロビンとの結合力が酸素よりも200〜300倍高いため、吸入すると一酸化炭素中毒(酸欠)を引き起こす。

●AR(Activated Radicals)
ホンダで開発された2ストロークエンジンの予混合圧縮着火燃焼である。排気ポートに可変の弁を設置することで排気絞りを行って残留ガス割合を増大させ、予混合圧縮着火燃焼が実現される。

●ATAC(Active Thermo-Atmosphere Combustion)
日本クリーンエンジン研究所で開発された、2ストロークエンジンの予混合圧縮着火燃焼である。細長い吸気絞りで残留ガス割合を増大させることで、残留ガスを利用した安定した自着火燃焼が実現される。

●オットーサイクル

ガソリンエンジンなどの火花点火機関の理論サイクルで、断熱圧縮後に等容で受熱することが特徴である。つまり、圧縮上死点付近で点火された混合気は高速で瞬時に燃焼し、熱に変わると仮定される。

●高膨張比エンジン

圧縮比よりも膨張比のほうが高いエンジンのことを指す。高膨張比を実現する方法として、アトキンソンサイクルとミラーサイクルとがある。

●サバテサイクル

実用の高速ディーゼルエンジンの理論サイクルで、断熱圧縮後、初めに等容で受熱したのち、等圧で受熱するサイクルである。実用ディーゼルは、燃料噴射が開始してから着火するまでに時間遅れ（着火遅れ）があるため、その間に噴射された燃料は周囲空気と拡散混合して予混合気を形成している。それらが自着火した際、急速に発熱するため、オットーサイクルのように等容受熱とみなせる。その後、燃料の噴射期間中にディーゼルサイクルと同様に等圧受熱を行う。つまり、オットーサイクルとディーゼルサイクルの特徴を併せ持つサイクルである。

●三元触媒（TWC: Three-Way Catalyst）

理論空燃比で運転されるガソリンエンジンでは、エンジンの入り口では燃料と酸素がそれぞれ過不足なく反応してCO_2とH_2Oになるのに必要な割合（量論比、理論空燃比、ストイキ）になっている。しかし、燃焼中に一部の酸素が窒素と反応してNO_xが生成される。このNO_xを還元して得られるOの数は、HCとCOをCO_2とH_2Oにするのに必要なOの数に等しいはずである（理論空燃比のため）。三元触媒は、これらの3つの成分を同時に浄化する触媒である。浄化率を高めるためには、理論空燃比付近の狭い空燃比範囲にコントロールする必要があるため、燃料噴射弁と、排気側での酸素O_2センサなどを使った電子制御燃料噴射装置を用いることが前提である。

● **時間損失**

　オットーサイクルでは、圧縮上死点で瞬時に熱を得て等容受熱を行うと仮定するが、火炎の伝播や燃焼の速さは有限のため、その間にわずかにピストンが移動してしまうことでp-V線図の面積（図示仕事）が低下する。ここで失われる仕事を時間損失という。

● **正味仕事 W_e**

　実際のエンジンの出力軸から得られる仕事のこと。燃焼ガスがピストンに行った図示仕事 W_i に対して、ピストンとシリンダの摩擦、各種軸受けの摩擦、動弁系の駆動、補器類の駆動などに必要な仕事が差し引かれたものが正味仕事 W_e になる。

● **図示仕事 W_i**

　実際のエンジンの燃焼室内ガスがピストンに行った仕事のこと。図示仕事は、燃焼室内圧力測定で得られたp-V線図の面積として算出される。図示仕事には、ポンピング損失、時間損失、冷却損失、ブローダウン損失など、燃焼室内で発生する損失が反映されている。

● **ストローク/ボア比（SB）**

　エンジンのストローク l_s をボア径Bで割ったもの。ボアよりもストロークが長いエンジンをロングストロークエンジンと呼び、SB＞1となる。逆に、ボアよりもストロークが短いエンジンをショートストロークエンジンと呼び、SB＜1となる。ボアとストロークが等しいエンジンをスクエアエンジンと呼び、SB=1となる。ロングストロークエンジンは、圧縮上死点付近での燃焼室形状が扁平になりにくいため、S/V比が小さくなり冷却損失が減少しやすい。ショートストロークエンジンは、ストロークが短い分、同じ回転速度でのピストンスピードが低くなる。また、ボアが大きいため大きなバルブを配置することができ、高回転時におけるピストンとシリンダ間のフリクション低減や充填効率確保に有利である。

● **窒素酸化物（NOx：Nitrogen Oxides）**

　NO、NO_2、N_2O などの窒素酸化物の総称、特に、高温な燃焼ガス中で発生するサーマルNOが主な発生源であるため、その低減には、燃焼温度を低くすることが有効である。

●ディーゼルサイクル

低速ディーゼルエンジンの理論サイクルで、断熱圧縮後に等圧で受熱することが特徴である。つまり、圧縮上死点で燃料噴射を開始し、膨張しながら等圧で受熱されると仮定される。

●等容比熱 c_v

気体の比熱を議論する際に用いられる比熱で、等容比熱は体積一定の下で加熱した際に求められる比熱のこと。同じ気体において、次に示す等圧比熱 c_p と比較すると、等容比熱のほうが小さくなる。

●等圧比熱 c_p

圧力一定の下で加熱した際に求められる比熱のこと、加熱を行った際に、圧力一定を保つために容積が増大する条件での比熱である。そのため、容積一定で加熱する等容比熱に比べて、同じ熱を加えた際の温度上昇量が小さい。つまり、気体の等圧比熱 c_p と等容比熱 c_v は、$c_p > c_v$ の関係にある。

●熱効率 η

エンジンに供給した熱量 Q_1 に対して、有効な仕事 W に変換された割合のこと。有効仕事を、理論サイクルから得られる理論仕事 W_{th} で求めた熱効率を理論熱効率といい、図示仕事 W_i で求めた熱効率を図示熱効率 η_i といい、正味仕事 W_e で求めた熱効率を正味熱効率 η_e という。

理論熱効率 $\eta_{th} = W_{th}/Q_1$
図示熱効率 $\eta_i = W_i/Q_1$
正味熱効率 $\eta_e = W_e/Q_1$

●PRF燃料

Primary Reference Fuels のことで、オクタン価の基準となる標準燃料である。PRFは、オクタン価0で自着火しやすい n-heptane (nC_7H_{16}) と、オクタン価100で自着火しにくい iso-octane (iC_8H_{18}) の混合燃料である。PRFにおけるオクタン価は、PRF燃料中の iso-octane の体積割合に等しい。例えば、n-heptane 0.4 ℓ と iso-octane 0.6 ℓ を混ぜて 1.0 ℓ の PRF燃料を作成した場合、その燃料のオクタン価は60である。この時、PRF 60などと表示することもある。

● **p-V線図**
　横軸に容積V、縦軸に圧力pをとり、1サイクル中のシリンダ内の圧力pと容積Vの履歴を描いた線図のこと。p-V線図の面積は、作動ガスがピストンに対して行う仕事を表わしている。

● **比熱 c**
　1kgの物質の温度を1℃（＝1K）上昇させるのに必要な熱量のこと。比熱の単位は c ［J/(kg・K)］である。比熱が大きい物質ほど、熱を加えても温度が上昇しにくい。つまり、熱しにくく冷めにくい。

● **比熱比 κ**
　等圧比熱 c_p と等容比熱 c_v の比であり、$κ＝c_p/c_v$ で定義される。$c_p＞c_v$ なので、$κ＞1$ である。

● **非メタン系炭化水素（NMHC：Non-Methane Hydrocarbons）**
　炭化水素の中から、光化学反応を起こさないメタン（CH_4）を除いた成分の総称のこと。

● **非メタン系有機ガス（NMOG：Non-Methane Organic Gases）**
　NMHCに含酸素成分（アルデヒド、ケトンなど）を加えたもの。

●表面積／容積比（S/V比）

　　燃焼室の表面積Sと容積Vの比のこと。熱は表面から逃げるため、表面積Sが重要であるが、熱量は容積Vで保有している。よって、単に表面積Sの大きさ（熱が逃げる面の大きさ）だけでなく容積Vの大きさも重要になる（Vが大きいものほど、多くの熱エネルギーを保持している）。つまり、容積に占める表面積の割合が、冷却損失などを支配する。そのため、冷却損失などを考えるにあたって、S/V比で比較することが重要になる。

●負のバルブオーバーラップ（NVO：Negative Valve Overlap）

　　4ストロークHCCIエンジンにおいて、2ストローク自着火燃焼（ATAC、ARなど）の特徴である残留ガスを利用した自着火燃焼を実現するための手段の一つ。通常は、排気上死点付近で吸排気バルブがともに開いている、いわゆるバルブオーバーラップ（弁重合）が存在するが、NVOでは、排気行程の途中で排気バルブを閉じ、吸気行程の途中まで吸気バルブを開けないようにすることで、排ガス（残留ガス）をシリンダ内に留める。これを、負のバルブオーバーラップと呼び、残留ガスによって自着火をアシストする効果が期待できる。

●ブローダウン損失

　　膨張行程の後半になると、次のサイクルに向けたガス交換を行う必要があるため、排気バルブを開いて燃焼室内のガスを排出する。これを、ブローダウンという。この時、まだ高圧なガスを排気ポートに噴出させてしまうため、その分の仕事が得られずにロスになる。これを、ブローダウン（排気吹き出し）損失という。

●ポンピング損失

　　排気行程中は、燃焼室内の残圧に打ち勝って排気を押し出すよう必要があるため、エンジンにとって負の仕事が発生する。その後、吸気行程ではスロットルバルブで吸気絞りを行った状態で吸気行程を行うため、スロットルバルブを通過する新気の圧力が低下してピストンの下降を妨げる力が発生する。その力に打ち勝って吸気行程を行う必要があるため、同じくエンジンにとって負の仕事が発生する。それらの吸排気を行うために必要な負の仕事をポンピング損失と呼ぶ。

●未燃炭化水素（HC：Hydrocarbons）
　　燃焼室内で燃焼せずに排出される未燃焼の燃料成分。リッチ条件で酸素不足によって排出されるのはもちろんのこと、理論空燃比やリーン条件においても、クレビスや壁面近傍の消炎層などで燃焼を免れたHCが排出される。燃料そのものが排出されることに加えて、燃料が部分的に酸化した成分なども多く含まれるため、その構成成分は非常に多い。紫外線によって反応して光化学オキシダントを発生し、光化学スモッグの原因となる。

●ミラーサイクル
　　実際の圧縮は、吸気バルブが閉じた時点から始まることを利用して、吸気弁を閉じるタイミングを早くしたり遅くしたりすることで、有効圧縮比を低下させて、相対的に膨張比を高くするエンジンサイクルのこと。

●粒子状物質（PM：Particulate Matter）
　　マイクロメートル（μm）のオーダー以下の固体や液体の微粒子を指す。小さいものほど、人体に吸入されたり、長期間浮遊しやすい。そのサイズに応じて、PM10（粒子径10μm以下）、PM2.5（粒子径2.5μm以下）などとも呼ばれる。燃焼においては、燃料がリッチな低温域で発生する。ディーゼル機関では、ディーゼルパーティキュレートフィルター（DPF）によって捕集し、前置触媒で生成された酸化性物質NO_2と遅延燃焼による排ガス高温化などによって定期的に酸化・除去して対応している。ガソリンエンジンの直噴化に伴って、ガソリンエンジンから排出される粒子径が小さいPMが問題になっている。そのため、ガソリンパーティキュレートフィルター（GPF）が使用される場合もある。ガソリンエンジンから排出されるPMは粒子径が小さいため、規制においても、排出重量ではなく排出個数（PN：Particulate Number）で規制される場合もある。

●冷却損失
　　燃焼室内のガスから、燃焼室壁面などを通じて熱エネルギーが逃げることで生じる損失のこと。吸入された空気は、圧縮行程の途中までは燃焼室壁面温度よりも低温なため、壁面からガスに向かって熱が移動するが、圧縮行程の途中から温度が逆転し、熱の損失が起こる。また、燃焼過程から膨張行程にかけて、高温な燃焼ガスからの大きな熱損失が起こるため、この時期に主な冷却損失が発生する。

●レスシリンダ

　多気筒エンジンにおいて、総排気量が同じままでシリンダ数を少なくすること。例えば、2Lの6気筒エンジンを4気筒に、2.5LのV6エンジンを4気筒エンジンに、1.2Lの4気筒エンジンを3気筒エンジンにするなどである。1気筒当たりの行程容積を大きくすると、燃焼室容積に占める表面積の割合が小さくなる。つまり、S/V比が小さくなる。そのため、冷却損失が減少する、エンジンが小型化されるなどのメリットがある。ただし、過度なレスシリンダ化は、振動騒音の増大、ガソリンエンジンであればボア径増大による耐ノック性の悪化や燃焼期間の増大などのデメリットも起こる。

本書刊行に際し、写真提供・助言等ご協力をいただいた方々

株式会社本田技術研究所　野口勝三氏、笠井聡人氏、渡邉生氏、西田憲二氏
早稲田大学　山口恭平氏
交通安全環境研究所　鈴木央一氏
株式会社堀場製作所　西川雅浩氏
マツダ株式会社　山川正尚氏、山本博之氏、漆原友則氏、養祖隆氏
元・日産自動車株式会社　村中重夫氏
日産自動車株式会社　菊池勉氏
株式会社SUBARU　石田礼氏
京都大学　石山拓二教授
慶應義塾大学　飯田訓正教授、横森剛准教授、山本英継氏、小松浩幸氏
スズキ株式会社　安藤真彦氏、中間健二郎氏、森俊一氏、小島啓氏、三沢一仁氏
千葉大学　森川弘二氏、金子誠氏
ボッシュ株式会社
株式会社キャタラー

謝　辞

　本書は、筆者が大学での内燃機関の研究や教育を通じて得たものや感じたことをきっかけとして、大学でエンジン研究室に配属されてから現在に至るまでに学んだことをもとに執筆しました。

　まずは、内燃機関の研究テーマを与えていただき、現在も継続してご指導をいただいている、恩師の庄司秀夫日本大学名誉教授並びに大学関係者に感謝の意を表します。また、日ごろから学会、研究活動等でご指導・ご支援をいただいている大学の先生方、企業や研究所の方々に、この場をお借りして御礼申し上げます。

　本書で紹介した実験データなどにかかわる研究は、庄司研究室および飯島研究室の学生達とともになされました。これらの研究に取り組んでくれた学生、OB・OG の皆様に感謝の意を表します。

　執筆にあたっては、早稲田大学の山口恭平氏、堀場製作所の西川雅浩氏、交通安全環境研究所の鈴木央一氏に、走行モードに関する助言や資料の提供をいただきました。また、本田技術研究所の野口勝三氏に可変技術に関する助言や資料の提供をいただきました。同じく本田技術研究所の笠井聡人氏、渡邉生氏に、高膨張比エンジンに関する助言や資料をいただきました。この場をお借りして、厚く御礼申し上げます。

　なお、本書に掲載されているデータの一部は、総合科学技術・イノベーション会議の SIP（戦略的イノベーション創造プログラム）「革新的燃焼技術」（管理法人：JST）、JSPS 科研費 JP16K18034 および日本大学理工学部先導研究推進助成金の助成を受けて実施されました。

著者受賞歴

- SAE/JSAE Small Engine Technology Conference（SETC2018）High Quality Paper（優秀論文賞）／2018年
- JSAE/SAE Small Engine Technology Conference（SETC 2017）The Best Paper（最優秀論文賞）／2017年
- 日本燃焼学会論文賞／2016年
- 日本機械学会エンジンシステム部門ベストプレゼンテーション賞／2016年
- 自動車技術会春季大会学術講演会　優秀講演発表賞／2016年
- 小型エンジン技術国際会議（SETC）　High Quality Paper（優秀論文賞）／2015年
- 第37回日本大学理工学部学術賞／2014年
- 日本機械学会エンジンシステム部門　ベストプレゼンテーション賞／2013年
- 日本エネルギー学会奨励賞／2013年
- 小型エンジン技術国際会議（SETC）　High Quality Paper（優秀論文賞）／2013年
- 小型エンジン技術国際会議（SETC）　High Quality Paper（優秀論文賞）／2012年
- 小型エンジン技術国際会議（SETC）　High Quality Paper（優秀論文賞）／2011年
- 小型エンジン技術国際会議（SETC）　High Quality Paper（優秀論文賞）／2010年
- 小型エンジン技術国際会議（SETC）　High Quality Paper（優秀論文賞）／2009年
- 日本機械学会奨励賞（研究）／2009年
- 第58回自動車技術会賞　浅原賞学術奨励賞／2008年
- 小型エンジン技術国際会議（SETC）　High Quality Paper（優秀論文賞）／2006年
- 小型エンジン技術国際会議（SETC）　High Quality Paper（優秀論文賞）／2004年

〈著者紹介〉

飯島晃良（いいじま・あきら）

日本大学理工学部機械工学科准教授。博士（工学）、技術士（機械部門）。
2002年日本大学理工学部機械工学科卒業。2004年同大学院理工学研究科機械工学専攻修了。
2004年富士重工業株式会社（現SUBARU）入社。2006年より日本大学理工学部にて研究と教育にあたり、SAE/JSAE Small Engine Technology Conference（SETC 2017）The Best Paper 最優秀論文賞（2017年）、日本燃焼学会論文賞（2016年）など数々の賞を受賞。
2016年には海外派遣研究者としてカリフォルニア大学バークレー校訪問。
著書に『ポイントチェックで最速合格！乙4類危険物試験』『基礎から学ぶ熱力学』（ともにオーム社）、『らくらく突破乙種第12356類危険物取扱者合格テキスト＋問題集』（技術評論社）、『革新的燃焼技術による高効率内燃機関開発最前線』（NTS）、『機械工学キーワード120』（コロナ社）など多数。

基礎から学ぶ
高効率エンジンの理論と実際
2018年12月25日初版発行

著　者	飯島晃良
発行者	小林謙一
発行所	**株式会社グランプリ出版** 〒101-0051　東京都千代田区神田神保町1-32 電話 03-3295-0005㈹　FAX 03-3291-4418
印刷・製本	モリモト印刷株式会社
組版	株式会社サンセイ

©Printed in Japan　　　　　　　　　　ISBN-978-4-87687-361-6　C2053